預約**實用知識**，延伸**出版價值**

預約實用知識，延伸出版價值

把消費者變成自己人！
建構用戶關係紐帶，讓自流量帶著品牌一起飛

關係飛輪

徐志斌————著

本書是獻給
女兒得米和曼迪的禮物
現在，
得米 8 歲，曼迪也 3 歲了

Contents

目錄

目錄
Contents

關係第一，流量第二

網易公司執行長
丁磊

　　大家都知道中國是人情社會，我們每天都在處理各種人情關係，從家庭關係、鄰里關係到社會關係。但認真去想，任何國家或地區都是人情社會，美國的大學推薦信就是典型的人情關係。

　　人情和關係的本質是社交，社交是人的天性，是人尋求歸屬和認可的外在表現，也是構建一個社會的基礎要素。

　　隨著社會發展，社交也在不斷演化。現在，社會上有一種觀點，中國的 90 後、00 後*都不拜訪親戚

---

* 指 1990 年、2000 年後出生的年輕人。

了，中國的人情社會將消失。我想，中國幾千年來形成的集體主義文化不會這麼輕易消失，但不可否認，中國人的社交方式確實在發生變化。

改革開放後，中國加快了由傳統農業社會轉向工業化、都市化的現代社會轉型。與此同時，社會人際關係也在發生變化，以前都是一個村子，現在有了不同的社會身分、社會階層和生活圈、居住城市。我們的社交也從大家庭變成了小家庭，從利益驅動變成了興趣驅動，從以地域為中心變成了以社會階層和生活圈為中心。

變化的另一面是機遇。網際網路的普及使社交愈發便捷、高效。過去幾年，很多人在談論行動網路社群紅利，但坦率地說，很多商業模式本質上還是打著社交的旗號，做著比較粗劣的流量變現生意。當下，愈來愈多的人開始反感網路社交，其實大家反感的並不是社交本身，而是得不到正向回饋的無效社交。

這本書將社群網絡新趨勢與私域浪潮進一步聚焦到一個個經典案例，像一張張切片，深入淺出地剖析如何從流量經營到關係經營。例如，在第一章中，我們能看到私域流量中那群備受矚目的人是如何影響企

業的；在第二章中，我們能瞭解到成功的企業如何塑造關係並實現增長。同時，作者投入大量的時間、精力走訪和調查研究，每個論點背後都有詳實的數據支撐，這一點難能可貴。

網易在成立後的 20 多年裡，一直在實踐如何經營關係，所以我們有了網易新聞的跟帖*、網易雲音樂的雲村**、網易遊戲的社交玩法。來自大量用戶的正向反饋也讓我堅信，只要產品能夠讓用戶產生情感共鳴，剩下的一切都是水到渠成。

人是一切商業模式的核心，成功的企業一定能夠讓用戶產生歸屬感，這個時候企業不再是一個系統運作的龐大機器，而是一個可靠的朋友、貼心的戀人甚至溫暖的長輩。用戶和企業的這種親密關係一旦建立，必將是長久且牢固的。

我與徐志斌認識這兩三年，日常交流中就非常認

---

* 指網友評論區，網易官方用語為「跟帖」，曾帶領起中國在評論區「蓋樓」的網路文化。

** 網易雲音樂打造的音樂社群功能，網友可以在社群內就音樂展開交流討論、創作分享、表達情感等。

可其在社群網絡、私域流量領域的知識和能力，透過這本書深入淺出的總結，他又將其在這個領域的方法論提升到一個新的理論高度。相信這本書會讓你對私域流量乃至企業經營有更深層次的見解。

贏得用戶的心

小米集團聯合創辦人、副總經理
劉德

　　一提到粉絲經濟，大家往往會把小米當成典型代表。小米早期的一些具體做法，例如邀請用戶參與研究、「米粉節」、做爆品，已經被同業從裡到外、鉅細靡遺地學習和模仿，不少做法更是成為「行業標配」。成為最年輕的《財星》（Fortune）世界500大企業，這不僅僅是小米一家公司的勝利，更是一系列商業理念的勝利——和用戶做朋友、感動人心、價格公道、讓科技擁有慰藉人心的力量。

　　伴隨著小米樹立起一個又一個里程碑，這種和用戶做朋友、讓用戶參與研發的做法正不斷地傳播給更

多的人，在更多的企業和行業中生根、發芽、開花、結果，助推中國商業的進步與成熟。

對中國企業來說，增長和規模非常重要，而增長和規模都離不開流量。網路平臺對流量的開發利用，可以說做到了極致，新流量的獲取日益困難，這是所有企業經營者都會感受到的壓力——流量愈來愈貴。

獲取新流量愈來愈貴、愈來愈難，促使大家高度重視存量和流量的精細化經營。「私域流量」這一概念正是在這個大背景下誕生的，也成為近期熱門的話題。特別值得我們注意和警惕的是，如果只是把用戶當成「流量」、當成冰冷的數字、當成「韭菜」來收割，我們就會偏離初心。

永遠不要低估用戶的智慧，群眾的眼睛總是雪亮的，沒有人會甘心當「韭菜」。靠花招沒有出路，贏得用戶的心才是根本。

要贏得用戶的心，首先要想清楚贏得哪類用戶的心，你不可能滿足所有用戶的所有需求。弱水三千，只取一瓢飲。以小米早期為例，17～35 歲的理工男是我們的核心用戶。只有明白地確定核心用戶，才能深入挖掘他們在什麼場景會遇到什麼問題和麻煩，才

能對症下藥地用產品或服務解決用戶的問題。

解決了用戶的問題，才是贏得用戶認同的前提。

要贏得用戶的心，就要與用戶做朋友。同時，把握用戶關係的尺度，既不要把用戶捧得太高，說什麼「用戶是上帝」，認為「用戶說什麼都是對的」，也不能藐視用戶，總以為「自己的產品或技術天下第一」、「用戶不買自己的產品就是不識貨」。不要跟用戶下跪，也不要讓用戶下跪，以平等的態度和用戶做朋友就好。朋友當然要貨真價實，朋友當然要有朋友價，朋友當然要常來往，用心動真感情了，行為才不會變形。

要贏得用戶的心，讓用戶和你站在同一邊，參與感十分重要。閉門造車式的研發會帶來巨大的風險，用戶及早參與有助於新產品方向更加精準，也能夠加快產品的迭代和升級速度。用戶參與當然不侷限於研發，行銷乃至經營的方方面面都可以開放部分環節讓用戶參與其中。更多地參與才能增強親密關係，做到這本書中提到的「讓用戶視品牌為己出」。

要贏得用戶的心，終極武器是使命、願景和價值觀。用戶認同一個品牌，基本上是認同品牌的使命、

願景和價值觀。堅守夢想、長期履行自身價值觀的企業，才能最終持久地贏得用戶的心。對小米而言，就是要始終堅持做感動人心、價格公道的好產品，讓全球每個人都能享受科技帶來的美好生活。當我們不斷推出一個又一個的好產品、酷產品時，才能不斷地為用戶的「信任帳戶」加分。

隨著實踐的深入，我們對用戶的理解也在不斷地加深。這本書提供了大量最新的用戶經營實戰案例，充滿鮮活生動的「街頭智慧」，讀起來輕鬆愉快且富有啟發性。這本書中一些觀點闡述，比如從用戶關係出發倒推，重新架構業務和營運流程、超級用戶的概念，以及把用戶關係細化成長輩、平輩和晚輩三種不同的關係，很有新意，對實務來說也極具指導意義。

你喜歡自來水，還是井水

潤米諮詢創辦人
劉潤

徐志斌出版他的第一本書《社交紅利》時，我就開始讀，獲益匪淺，其後拜讀了《即時引爆》和《小群效應》，這已經是第四本。

寫書多，不可怕。可怕的是，他的每一本書都極富洞見。這本書的核心是私域，但志斌不是就私域講私域，他找到了一個非常好的切角，那就是促成私域價值的核心——關係。我覺得，志斌用這看上去簡單的兩個字，綱舉目張地抓住了私域真正的要點。

什麼是私域？

我們說流量如水。如果用水打比方，公域的流量就像自來水——付費用水，價高者得。你出的租金高，這個鋪位就是你的；競價排名，你出的錢多，這個關鍵字就是你的。付費，就給你用戶。一旦停止付費，水龍頭就關了。

而私域流量就像井水，鑿井很貴，但用水免費。例如，經營一個公眾號就像鑿一口井，這其實特別不容易，成本特別高。從 2018 年開始，我們每天都要創作至少一篇高品質的內容，一天都不敢懈怠。一旦數據顯示沒有提供讀者價值，我們就要檢討、重新演練。一直以來，兢兢業業，勤勤勉勉。現在，公眾號「劉潤」有了 200 多萬讀者。很貴，但是雖然貴，一旦有了這口井，我們就可以每天用文章觸及我們的用戶一次，這樣的觸及完全免費。

自來水便宜的時候，你會想鑿井幹嘛，但隨著用水的人愈來愈多，水價會愈來愈高。

根據全球知名市場研究機構 eMarketer、中國網路平臺賽迪網、中國《新京報》等不同管道的數據，2010 年賣家在線上平均顧客獲取成本大約

是 37.2 元＊，2011 年漲到了 54.6 元，到 2012 年變成 83.3 元，成本愈來愈高，到 2019 年已經是 486.7 元，在十年內漲了十多倍。

一些人開始認真地思考：這些錢都夠我鑿口井了。於是，2021 年整個中國突然到處都是鑿井聲。

我舉個例子，有家餐館叫太二酸菜魚，去這家餐館吃飯，最好先學會「對暗號」。當你坐下來點菜時，如果服務員對你說「讓我們紅塵作伴」，不要緊張，你要淡定地回答「吃得瀟瀟灑灑」。這時，服務員會說「自己人」，然後送你一份「自己人」專屬小菜。

還有這種事？真有這種事。那麼怎麼成為他們的「自己人」？加入一個組織——太二宇宙基地，它其實就是太二酸菜魚的粉絲群組。這個群組每個月都會發布當月的暗號，有了這個暗號，粉絲去店裡吃飯就能領取一份專屬小菜。

＊除特別標示，本書貨幣計價單位皆為人民幣。

我想，聰明如你，立刻就會明白，太二酸菜魚是希望用這個富有專屬感的福利維護粉絲黏著度，然後不斷吸引他們到店消費。這招真的有用嗎？當然，太二酸菜魚統計過，2020 年透過「對暗號」一共送出 15 萬份專屬小菜。按照他們的平均客單價 88.4 元來計算，這個有趣的暗號為他們帶來了 1300 多萬元的收入。太二宇宙基地就是他們的那口井。

2021 年，我簽約成為騰訊公司的顧問，期間最重要的工作就是和一群極為優秀的同事梳理私域邏輯。我們對私域的定義是：私域就是那些你直接擁有、可重複、低成本甚至免費觸及的用戶。

這句話背後有三個關鍵詞：擁有、可重複、免費。

第一，擁有。首先，這口井是你的。你用這口井，不必付錢；別人用，你還能收錢。

第二，可重複。可重複的同義詞是主動。客人吃完飯走了，你說「歡迎再次光臨」。他會不會真的再次光臨？你並不是真的知道。他不來找你，你就找不到他，很被動。太二宇宙基地最重要的作用就是：我想的時候，可以主動觸及。因為主動，所以可重複。

第三，免費。只有取水免費，鑿井才有意義。每次觸及的成本愈低愈好。

可是，為什麼用戶一旦加入你的私域，就願意免費被你重複觸及呢？這背後的邏輯就是這本書中所說的——關係，即親密關係。

首先，我很可信。所以你願意被我觸及，你相信我是來服務你的，不是來騷擾你，更不是來消費你的。

其次，我很可愛。志斌在這本書裡提出了很有意思的概念——模擬晚輩。「我是後生晚輩，請多多提攜」，這樣用戶就更能包容你，甚至成為你的衣食父母。

最後，我很可親。你也可以成為長輩，因為人們自然而然地親近幫助自己的人，也讓定位為長輩的企業自然受到關注。

私域是水，而且最好是膠水——讓用戶來了就不想離開、離不開。我想，這水中摻雜的膠就是關係。關係愈濃，膠水愈黏。而這個膠的主要成分就是本書中強調的：我很可信，我很可愛，我很可親。

感謝志斌，再次寫出一本讓我獲益匪淺的書。流量生態正在進行一場轟轟烈烈的公域私域的打通，這場打通就是一場鑿井比賽。祝你透過閱讀這本書找到最佳取水點，以及稱手的鑿井工具。

我突然很期待，不知道志斌的下一本書會給我什麼啟發，但一定會很有啟發。

新流量規則

　　企業要留意用戶和品牌之間的關係了，而且是親密關係。

　　品牌只有被用戶認可和接納，才能進入用戶的15個親密好友的圈子。也只有這樣，才能收穫許多以「四高」為典型特徵的超級用戶——分享率高、轉換率高、回購率高、轉介紹率高。

　　無論是哪一「高」，都是企業渴望的「增長」、「獲客」、「變現」等實際結果。而超級用戶群可能只占用戶群體的1%左右。換句話說，企業可能並不是服務數以百萬計的用戶，而是只服務其中1%的超級用戶。

當下，用戶正逐漸接納品牌成為自己的「家人」，並產生愈來愈深遠的影響。在這一新變化中，用戶和品牌模擬像兄弟姐妹、父母長輩一樣的親密關係，並為此投入自己的熱忱、資源、時間和金錢。

剛才提及的數字「15」是用戶的親密好友數量上限。在生活中，通常用戶 60% 的時間給了最親密的 15 個人。若沒有進入這個大名單，意味著不是用戶的親密關係，也就無法在其圈子中被認可。

簡單來看，新流量規則、新一波社群紅利及新的增長方式已經到來。長遠來看，對應的商業模式、企業管理方式和組織結構都在發生變化，包括私域流量、DTC（Direct to Customer，直接面對消費者的行銷模式）等熱門關鍵字，乃至未來很長一段時間誕生的其他關鍵字，都會和「用戶與品牌所形成的親密關係」息息相關。

現在雖然中國已有 1000 萬家企業（截至 2021 年年底）布局私域，但大部分企業尚未意識到真正的緣由，沒有意識到用戶與品牌能夠形成親密關係——完全不一樣的親密關係，並能為自己帶來強勁的增長驅動。

很少有人料到親密關係會在今天成為一塊新的商業基石，而這在此刻已經是愈來愈清晰的事實。

我們所面對的新規則演變成：**企業只有跟用戶產生深度關聯、形成親密關係，才能最大化利益。**圍繞用戶和品牌形成長遠且忠誠的關係、增強親密關係的行動將會貫穿產品研發、營運和行銷等方方面面。

尤其值得一提的是，在新社群環境中，企業有很大的機會參與制定新的流量規則。過去的紅利獲得者，即那些被成就並已成為獨角獸的企業，正是因為深度參與了過往流量規則的製定，得以充分享受到了彼時的新流量。

現在，機會重新被釋放出來。

本書想要和你聊的，就是這個話題。

超級用戶

具備「四高」特徵的用戶幾乎是企業所能遇見的最好的用戶：90% 以上都具備轉換率高、回購率高、分享率高和轉介紹率高的特徵。在實際商業環境中，還有什麼能比企業擁有龐大的超級用戶群更理想的呢？

從一個問題開始

在進行這組調查及後續追蹤訪問時，我們完全沒有想到華為會在 2020 年後成為中美貿易摩擦的焦點，關注度和聲望創新高，也沒有想到榮耀*手機業務會被出售而與華為分離。

那還是 2018 年年末，一位任職於華為的朋友從深圳前來拜訪，約聊「社群」這個話題。華為手機的粉絲經營在中國市場一直是標竿，是眾多從業者重點關注的對象。其實，第二天是華為「花粉」年會在北京召開之日——華為手機的粉絲被稱為「花粉」，這才是他所在的華為團隊來北京的重頭戲。

首屆花粉年會於 2014 年舉辦，當時有粉絲向華為手機部門提議，就像企業每年都會為自己的員工、合作夥伴召開的年會一樣，也為粉絲召開一個專屬於他們的

---

*最初為華為旗下的一個子品牌，於 2013 年開始獨立營運，2020 年被華為賣給深圳的一家資訊科技公司。

年會。這個建議很快被採納並在當年成形，而且被長期保留下來，每到年底，就是粉絲們再聚的時候。

我在與朋友的聊天中得知，為舉辦 2018 年花粉年會，華為不僅承擔了受邀參加年會的 1000 位花粉的住宿費用，還在伴手禮中放入了一部時價 1799 元的榮耀手機，光這兩項支出總計就超過 200 萬元。

等年會活動結束後，我嘗試搜尋媒體報導，僅寥寥可數的幾篇。多年媒體和市場傳播從業經歷，讓我很清楚一點：一家公司投入這麼一大筆費用在一個不見諸媒體、不大張旗鼓傳播的市場活動中是非常少見的。在中國，即便是幾家以粉絲經營著稱的企業，也很少聽說此類大手筆的投入。

聽到這些費用和安排後，我很好奇：**在以關注投入產出比（input-output ratio）為主的企業市場活動中，著重在粉絲的大投入值得嗎？**

為了搞明白這個問題，我設計了一個問卷給華為用戶，問卷包含「用戶回購意願」、「推薦給親朋好友的意願」、「影響好友購買的情況」、「用戶如何定義自己和華為手機之間的關係」等幾大類問題，最後共有 2264 人提供詳細的回答。

98% 以上的用戶曾向親友推薦華為手機

　　進行調查研究時，華為手機還擁有兩大子品牌，分別是「華為」和「榮耀」，其又分出多個不同的系列。當時榮耀品牌尚未被出售。在此為了敘述簡便，我們忽略這些子品牌的差異及後續市場變化，統稱為華為手機。

　　抽樣調查呈現出了以下結果（見圖1－1）：

- 91.25% 的用戶購買過 2 支及以上的華為手機，其中購買了 6～10 支的占 18.51%，更有 10.11% 的用戶購買了 10 支以上；
- 購買手機配件的表現類似，85.64% 的用戶購買了 2 個及以上，其中 10.78% 的用戶購買了 10 個以上；
- 98.54% 的用戶曾向親友推薦華為手機，其中

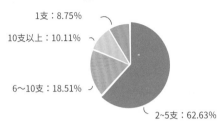

您曾經購買過多少支
華為／榮耀的手機？
答題人數：2264

1支：8.75%
10支以上：10.11%
6～10支：18.51%
2～5支：62.63%

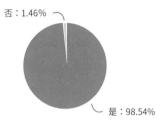

您推薦過您的親朋好友購買
華為／榮耀的產品嗎？
答題人數：2264

否：1.46%
是：98.54%

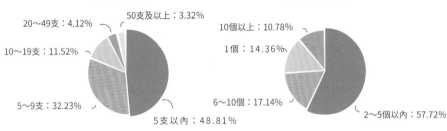

您推薦親朋好友購買過多少支
華為／榮耀的手機？
答題人數：2231

20～49支：4.12%
10～19支：11.52%
5～9支：32.23%
50支及以上：3.32%
5支以內：48.81%

您購買過多少支華為／榮耀的
手機配件或其他產品？
答題人數：2264

10個以上：10.78%
1個：14.36%
6～10個：17.14%
2～5個以內：57.72%

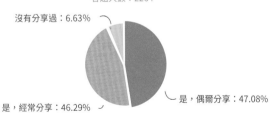

您是否在微信、微博等網路平臺分享過華為／榮耀的產品資訊？
（新聞／廣告影片／海報／評測等）
答題人數：2264

沒有分享過：6.63%
是，經常分享：46.29%
是，偶爾分享：47.08%

圖1－1

51.19% 的用戶推薦親友購買了 5 支及以上，還有 3.32% 的用戶成功轉介紹達到 50 支及以上；

- 93.37% 的用戶在社群媒體發布和分享過包括廣告影片、海報和評測結果等在內的華為手機產品資訊，只有 6.63% 的用戶從不在社群媒體分享和推薦。

調查研究結果雖然只源自部分樣本且發生在三四年前，卻勾勒出這樣一組用戶形象：華為手機用戶族群保持著超高轉換率和回購率，不斷在各個社群媒體推薦自己喜愛的產品，不斷向親朋好友推薦，影響對方的購買決策。而且，用戶中年輕族群的比例（32%）和企業中高層及公務員的比例（20.09%）都比較高，這兩個族群所購手機型號中，最貴、最新的旗艦機占比最高。

調查還在進行時，我同步和華為公司的朋友交流了更多資訊。當時在華為手機用戶族群中，堪稱「死忠用戶」的超過 11 萬人。通常，當前大部分手機用戶每兩年更換一支手機，死忠用戶卻不同，他觀察到的情況是：這個族群的換機頻率在 9～12 個月，基本是追逐著新款手機的發布節奏。

6%～12% 的粉絲願意
無上限支持

　　上述調查研究結果的背景是，2018 年年中，華為手機取得了中國淨推薦值（Net Promoter Score，NPS）第一、銷量第一、發貨量全球第二的成績。

　　華為手機用戶的這個現象讓我想起我在百度貼吧*的一個發現，也反映出類似族群的行為習慣。過去十年間，我和百度貼吧產品團隊經常圍繞社群媒體未來演進、用戶行為習慣等話題展開討論。在長期觀察的社群媒體演變中，百度貼吧一直是最佳觀測對象之一。在最近一次交流中，他們分享了一個社群變現收入的歷史調查結果。

---

* 為中國具備論壇功能的社群網站，內容按「吧」分類，每個「吧」都是特定主題的討論空間，像是「明星吧」、「Steam 吧」等。類似臺灣的 PTT 用「版」區分討論主題。

在百度貼吧，明星吧是最具關注度的存在。那次調查就是從明星吧入手，目的是觀察粉絲怎麼為明星帶來收入，分析的粉絲範圍涵蓋了中國、香港、臺灣、日本、韓國、歐美等國家和地區。結果顯示：粉絲多集中在 15～24 歲範圍內，女性占絕大部分（70%～80%）。以中國粉絲為例，超過 60% 的用戶願意配合明星的官方宣傳，超過 30% 的用戶願意自發舉辦粉絲聚會，還有近 30% 的用戶會號召團購明星代言的產品（見圖 1—2）。這個結果在不同地域差別不大。

報告中的這組數據還不是最吸引注意的，貼吧接著瞭解粉絲的付費意願，結果顯示，半數粉絲一年內支出 500 元左右；因地域不同，分別有 6%～12% 的粉絲願意無上限支持（見圖 1—3）。

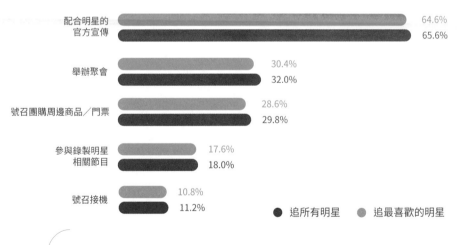

配合明星的官方宣傳　64.6%　65.6%

舉辦聚會　30.4%　32.0%

號召團購周邊商品／門票　28.6%　29.8%

參與錄製明星相關節目　17.6%　18.0%

號召接機　10.8%　11.2%

● 追所有明星　　● 追最喜歡的明星

關係飛輪　圖 1—2　中國粉絲活動舉行情況

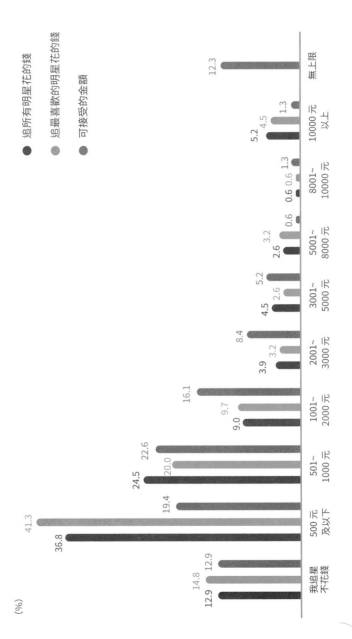

圖 1－3　粉絲的付費意願

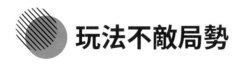

玩法不敵局勢

　　不管是貼吧結果中「約 60% 的用戶願意配合官方宣傳、約 30% 願意號召團購」，還是華為手機調查結果中「93.37% 的用戶在社群媒體上分享過產品資訊」，相比平均水準都高出很多。很多產業背景資訊可以幫助我們看清這些數據對比。

　　在社群媒體發展早期，大部分 App（手機應用程式）能達成 10% 的分享率，即十個瀏覽內容或參與活動的用戶中就會有一個主動分享給好友。我將這個數值定為優秀社群媒體分享基準線。最近幾年，不管是 App 還是公眾號，分享率都呈下降趨勢。本書寫作期間，我特意向身邊的創業者瞭解最新數據，一個日活躍用戶數量超過 1 億的超級 App，日常分享到微信的僅 100 萬人次左右，部分微信公眾號分享比例也下降到了瀏覽人數的 1%～3%。

　　不論比對最佳時期還是當下，貼吧和華為手機的調

查數據都意味著我們看到一個超忠誠、超活躍的用戶群體，在這個分享比例下，通常一個小規模死忠粉絲群就足夠發起聲勢浩大的傳播活動，可迅速涵蓋更廣泛的人群。

而娛樂圈中粉絲的狂熱，終於引發了 2021 年開始的「飯圈」＊大規模治理，使中國娛樂生態發生了巨大的變化。

從一家企業經營好壞到「飯圈」興衰，都受到全球政治經濟及中國政策的直接影響。本書諸多案例中提及的公司，可能在寫作整理數據時還蓬勃發展，隨後卻在疫情或整頓中遭遇黑暗時刻，甚至因此倒閉。

策略不敵局勢，玩法不敵局勢。我們無法左右局勢，卻能透過檢討和重新演練找到共通性和可借鑑之處，在局部生態中爭得一席之地。

＊ 中國網路用語，將粉絲英文「fan」直接音譯為「飯」，飯圈即是粉絲圈子。

超級用戶群及其典型的「四高」特徵

在某種程度上看，商業公司粉絲的狂熱度並不比明星粉絲遜色。最近幾年看華為、小米等品牌手機資訊，新品手機銷量超過百萬支的時間點通常以週來計算，例如搜尋 2019 年年初這兩大手機品牌發售新機突破百萬支所需的時間，均為三四週，其中很大一部分就來自這些死忠用戶的主動分享、轉介紹。在貼吧和華為手機的兩項調查中，具備明顯「四高」特徵的用戶占據了顯著位置：

- 轉換率高，用戶掏出真金白銀來支持；
- 回購率高，持續黏著，持續回購；
- 分享率高，絕大部分用戶都積極分享並協助舉辦活動；

- 轉介紹率高，用戶持續影響親友的購買決策。

這些「四高」用戶幾乎是企業能遇到的最佳用戶，用「超級用戶」來形容和定義毫不為過。**在實際商業環境中，還有什麼能比企業擁有龐大的超級用戶群更理想的呢？**

粉絲是為明星背負責任的家人

　　這些超級用戶是誰？他們為什麼願意無上限地付費支持，或不斷影響親友購買 5 支乃至 50 支手機？這是我在第一時間想問的問題。

　　為此，我回到百度再請貼吧幫忙，約到了周杰倫吧和蔡徐坤吧等明星吧的吧主，想實際瞭解數據背後的真實情況。

　　和周杰倫吧的吧主先討論的話題是他們如何管理這個主題吧，兩位吧主告訴我：「每個人都是義務在這裡做事，所以更像是一個家，每個人把自己擅長的事做好，互相配合就可以了。」

　　粉絲們都義務做了哪些事？

　　從 2008 年開始，粉絲們會在每年 4～5 月舉行倫吧盛典，頒發一系列獎項表彰倫吧粉絲中表現出色者。從 2010 年開始，每年暑假還會舉辦倫吧才藝秀，包括唱

歌、畫畫、彈琴、剪紙等多個項目，粉絲們都可以報名參加。還有一個在除夕夜正式呈現的倫吧春晚，也是向全體粉絲徵集節目。想想各自公司行銷部舉辦大活動時投入的人力、物力、財力和精力，就知道他們做的這些事有多了不起。很難想像它們僅僅是由一些粉絲自發、義務實現的。

兩位吧主說，最開始是因為喜歡周杰倫，很想為偶像做點什麼。慢慢地看著倫吧愈來愈好、人愈來愈多，就自然而然地產生感情，漸漸地投入更多。現實中明星並不常來貼吧，可能和這些吧主也沒有親密接觸，但他們說：「很多事情我們都在默默地做，大家並不希望一定能得到回應，或得到什麼好處，僅僅是因為這個偶像帶給我們的正能量。」

2019 年 7 月，粉絲們再度將周杰倫送上微博超話排行榜第一*的位置，同年 9 月，又在 12 小時內將他的新歌《說好不哭》送上各大榜單第一的位置，最後單曲

---

* 超話為「超級話題」簡稱，是新浪微博推出的一項功能，以某話題為中心聚集對該話題有興趣的網友討論交流。超話排行榜代表粉絲的活躍度、互動度和凝聚力，也是品牌方和媒體評判或選擇藝人的指標之一。

銷量破 1000 萬，銷售額超過 3000 萬元。這是我訪談後發生的大事件，可見更多粉絲帶著長時間累積的情感主動地參與其中。

和蔡徐坤吧的吧主聊時，正好碰上他們在發起一場粉絲活動。

2018 年 1 月，愛奇藝打造中國首檔偶像男團競演養成類實境秀《偶像練習生》（我們會在第八章詳細討論這檔節目，探討其所展示的全新的、典型的用戶行為變化，以及由此產生的深遠影響），蔡徐坤就是在這檔節目中 C 位出道，成為那段時間備受關注的新星。前文提到的 7 月微博超話排行榜第一的爭奪就發生在周杰倫與蔡徐坤兩人的粉絲之間。我在訪談中同樣得知，各項活動都是粉絲們自發、義務在做。

吧主向我介紹，粉絲們自發在很多城市舉辦線下應援活動，實境秀期間發起了多場線下拉票，邀請路人為蔡徐坤投票，為此粉絲們自掏腰包，買水贈送給幫忙投票的人，他們甚至還製作了關於蔡徐坤的雜誌。

「最開始因為看好蔡徐坤，加入了他的粉絲群和後援會，後來透過應聘加入了吧主管理團隊。當工作人員

跟一般粉絲沒有什麼區別，只是我覺得對蔡徐坤和後援會有一份責任。出了什麼問題、有什麼活動，我都必須把它處理好、經營好。這已經是自己的一份責任了。」這位吧主說。

簡略的對話實際上是幾個小時長聊後的縮寫，我有意放棄了如何策劃活動、大家日常怎麼交流和互動等內容，只保留了「為什麼要做這件事情」的答案，就是想探究粉絲和明星之間的關係。

要知道，粉絲們為明星自發去做一個大事件，將明星活動變成自己的責任，在社群媒體和社群的語境中是一件了不起的事情，只有明星和粉絲之間形成了親密關係，才會實現這樣的結果。在這些答案中，我們看到許多粉絲都認為自己和明星之間是「親密關係」，是為明星背負責任、被明星需要的家人。

華為花粉是怎麼開始的

那麼企業呢？回到剛才的調查中，華為手機又是如何收獲這麼多超級用戶的呢？

在調查中有一個問題是請花粉用一句話描述自己和華為手機之間的關係，鑑於回覆實在過多，我將答案集中放在一個關鍵詞工具中，看到了如圖 1－4 所示的關鍵詞雲顯示。

第一步　我喜歡　值得信賴　形影不離
期待　離不開　不忘初心　關注　體驗
相伴　親密　好用　喜歡　用戶　生活　不離不棄
鐵粉　高端　　　　　　　　　　　　　習慣　品質
永遠夥伴　熱愛花粉支持　信仰　更好
俱樂部　信賴　品牌　希望　粉絲　國產　驕傲　信任
愈來愈好　兄弟　　　品質見證　生活中
陪伴　國貨推薦　支持國貨
勇敢做自己

圖 1－4

我還特意進入一個華為手機的核心粉絲群組，詢問他們「為什麼參加各種花粉活動和年會」，得到的最常見的回答是：

- 主要想見朋友；
- 大家已經很熟了，平時哪怕同城市很近也很少見面，乾脆借著年會過來聚一聚，也想看看自己一直參與的社群背後及企業高層到底是什麼樣子；
- 能接到自己喜歡的企業的邀請參加發布會，覺得很驕傲，也能見到很多一直交流但未曾謀面的朋友。

回覆中超過 90% 是來見其他花粉，想見華為員工和高層的占 53%，還有些甚至認為自己和華為手機是「兄弟關係」。當被問到「你為什麼要當華為手機的粉絲」時，80% 的回答都是「品質好」。

看了調查結果和這些回答後，我飛往深圳去當面向一些華為公司的朋友求助，想看看能不能找到更多的參考資訊。

我特意找到了馮立，他是花粉部門的開創者。過去幾年，馮立的角色發生了幾次變化，早期他曾服務騰訊十年時間，擔任 QQ 秀*部門的產品經理。在騰訊發展史中，這是一段關於「拯救」的故事——QQ 秀成為騰訊三大網路產品收入來源之一，幫助後來的社群帝國找到了收入信心。2011 年年底，馮立加入華為，花粉業務正是他從 0 到 1 搭建起來的。後來他又加盟傳音擔任副總經理，傳音是中國開拓海外市場最成功的手機品牌之一。現在，馮立創辦了一家名為「司向」的公司，幫助中國企業轉型私域。

　　2018 年 5 月，華為公司內部做了一些小範圍的調整，與以前相比，花粉部門的架構和規劃與行銷部完全融合，著重在花粉的經營顯然在華為公司內部進入了新階段。不過，我和馮立討論的還是最初的問題：花粉對華為手機的發展產生了多大的作用？這些超級用戶是怎麼浮現出來的？

---

* 騰訊 QQ 的虛擬形象設計系統，有虛擬服飾、場景和人物形象等可以讓用戶裝扮自己在 QQ 中顯示的虛擬樣貌。

馮立先反問了我一個問題：你認為社群經營應該是新業務的引擎和主導者，還是作為原有業務的輔助和補充？

　　當時中國國產手機陣營中，小米、魅族等品牌採取的策略相似，都是和粉絲緊密互動，提前釋出某些功能邀請用戶試用，一些設計也會刻意提前公開，以試探用戶，尋求反饋。這些被認為是典型的社群經營策略，在用戶中提前確立認知，或根據反饋快速優化和調整。因為，包括馮立的前東家騰訊（當然也是我的前東家）在內的針對普通用戶的網路產品和品牌很早就確立了一個基礎認知：**如果新功能或新產品在推出前就有用戶反饋，會有益於產品快速推進。**

　　這一認知獲得愈來愈多的企業認同和實踐。但華為並非是這樣的風格，這家久負盛名的公司骨子裡滿是大客戶基因，即大訂單、大客戶，加上重研發，非常看重智慧財產權，很多資訊都處於嚴格保密的狀態。多年前，我曾受邀前往華為大學做過一次關於社群媒體話題的深度分享，就感受過這種保密文化，還記得我進入辦公區域時，工作人員會詳細登記訪客是否攜帶筆記型電腦、隨身碟等設備，就是為了防止洩密。在這樣的氛圍

下，華為手機想要邀請粉絲提前試用、提前給出意見建議，幾乎不可能實現。

好在那時正值華為在向行動市場遷移，為此啟動「終端＋管道＋雲」戰略，瀏覽器、郵件、記事本等著眼於用戶、能為手機服務的業務，都被整合到了馮立所在的新部門，這為運用新策略推開了一道小門縫。他們因此開始內部陌生拜訪，分別敲開一個個產品部門辦公室的門，告訴同事們，粉絲能幫助新產品做什麼、會提供什麼幫助等內容，同時承諾尋找具有可控性的粉絲來參與新品測試。早期為了建立內部信心，馮立做了很多區隔措施，例如將粉絲分成不同的小組。這樣做的好處是，如果發現某張設計圖被提前洩露，接觸過該圖的粉絲小組就再也看不到新資訊。在這些策略下，慢慢有些部門的態度鬆動，做了一些嘗試。隨著更多的活動被推進，不同的部門逐漸感受和接納了新理念：**用戶的參與和活躍是有價值的。**

網際網路公司估算用戶價值就以此為出發點，活躍用戶數愈多，營業收入和估值就愈高。只是過去華為估算用戶價值的方法並不是這樣，隨著粉絲被導入各個活

動和環節，各部門漸漸接受了這個新理念。在和用戶接觸時，馮立觀察到：**大部分提前參與內測的粉絲沒有想過要得到什麼回報，只要自己的想法在產品中被實現就很欣喜，並且會愈來愈投入，他們自發性驅動且相互影響。**

華為在大專院校中吸引了很多有時間、有精力、有想法的大學生：部分大學生很希望有品質更優、市場表現更好的國產品牌脫穎而出；部分大學生有很強的意見領袖訴求，很享受大家都來問他產品特徵、購買細節等資訊的過程。

馮立將此形容為「湯姆・索耶效應」（Sawyer Effect）。這可不是一個公認的心理學名詞，實際上出自馬克・吐溫（Mark Twain）的小說《湯姆歷險記》（*The Adventures of Tom Sawyer*），主人公正是頑皮的湯姆・索耶（Tom Sawyer）。故事一開始，小湯姆因調皮而被阿姨懲罰週六去刷牆、不能玩耍時，他騙其他孩子說刷牆是件很好玩的事，結果他們搶著替他刷牆。

「工作是一個人被迫要做的事情，玩耍是一個人沒有義務要做的事。」經過在職場的不斷引用和延伸，漸

漸地，人們意識到把工作變成遊戲，透過增加內在激勵因素，可以讓某些行為自然發生。遊戲化營運就可以被看作一種湯姆・索耶效應。

當時花粉部門所有營運工作仍只是小範圍的測試，一點點地慢慢推進，逐漸改寫公司上下對粉絲的認知。直到一件大事發生，華為才徹底意識到花粉的真正價值和意義。

那是 2013 年 12 月，華為發布榮耀 3C 和 3X 兩款手機。榮耀品牌作為華為行動網路子品牌正式被推出，新標識「honor」第一次被印在手機背面。搜尋那時的報導，會看到這樣一些出貨數據：(新機)12 月 25 日上午 10 點 08 分開賣，1 分鐘售罄；開啟預購後，累計預購量突破 900 萬支；2014 年年底，榮耀 3C 和 3X 的出貨量達 2000 萬支。看起來銷售速度很快，滿滿都是大廠商來勢洶洶的樣子。

不過，故事開頭不是這樣。

那時，華為公司內部對榮耀品牌是否有獨立價值打了一個很大的問號，產品線和設計線都不具優勢，團隊也不占據主導地位。整個榮耀團隊很小，只有行銷和企劃是獨立的，其他資源共用，經常面臨不配合等困境。

就這樣一個當時內部並不十分看好的業務，卻在粉絲的幫助下爆發了巨大的聲量。當時，粉絲們創造了各種機會將華為手機和小米手機互相比較、對決。小米行銷部也意識到了這一點，一直在提醒自己的粉絲不要回應。只是無論怎麼提醒，兩大品牌驕傲的粉絲仍然混戰在一起，為各自喜愛的品牌背書。榮耀的行銷團隊震驚地看著自己的百度指數和微博熱度*迅速上升，超過小米手機，又最終帶動了銷量爆發。

發布會後華為公司內部檢討，他們很清楚此次投入的行銷預算並沒有多少，出乎意料的結果只可能是粉絲自動自發傳播導致的，因此要求自己想明白下面問題：

- 到底發生了什麼事情？
- 榮耀有什麼，能讓粉絲們如此支持？

---

* 百度指數是以百度網站用戶行為作為基礎的數據，微博熱度則是用戶在微博上的搜尋、討論和互動等行為，兩者都是反應中國民眾對某話題的關注度的指標性數據，可藉此洞察輿情走向、民眾需求和趨勢等。

檢討的答案是產品沒有什麼不同，要說不一樣，也只是在兩個角度和過去的習慣做法有差別。

　　一是定價方式發生變化。新產品採取了估量定價法，估算最終會賣出多少支，並以此來定價。採取這種定價策略，可以從一開始就以最優惠的價格銷售產品，先買先受益，意味著第一批購買的死忠粉絲不會受到傷害。

　　華為此前未採取過這種定價方式，而是習慣按出廠量和出廠成本定價，價格呈高估狀態，價格隨著銷量提升再逐漸降低，用戶愈延後購買，CP 值愈高。

　　估量定價法並非華為公司首創，並且早已是手機產業的通用定價方式。只是，雖然價格看起來很有競爭力，風險卻如影隨形——如果賣得不好就會虧損很多。提前預購的方式也會被用戶抱怨是「期貨」*，其他先行採用這種定價法的國產手機品牌就曾多次遭受用戶的指責。

---

* 意指雙方確認買賣契約後，在未來某一特定時間才會交付貨品。在這邊用來與現貨相區別。

二是傳播方式依賴粉絲。他們發現，華為的產品技術和品質、使用體驗、品牌印象等已經被用戶充分認可，在這個基礎上都是粉絲在創造各種機會和小米粉絲碰撞、針鋒相對，是粉絲以幾何倍數地推動擴散。這直接提升了新手機發布事件的關注度，產生了傳播引爆效應。

檢討過後，從第二個變化出發，馮立在粉絲訴求和社群日常營運之間建立了這樣一個連結：為所有華為手機粉絲塑造一個向心力和一個高遠目標，讓大家有共同的追求。

我們可以這樣描述這個目標：**「（手機產品）先滿足需求，再超越預期。」**

此後，華為手機內部幾條業務線開始爭搶花粉部門，這個新部門也開始支持所有子品牌和系列。終端行銷團隊和花粉部門團隊開始商討如何在其他手機產品線複製榮耀的玩法，後來發售 Mate7 時行銷方式如出一轍，只是觸發的核心用戶族群不同。

更多資源源源不斷地流入粉絲這端。從 2013 年年底開始，華為手機大部分發布會都安排花粉坐前三排，公司高階主管從第四排開始落座。2014 年年底，華為

乾脆接受粉絲建議，為花粉舉辦了第一場年會，從此以後成為年度慣例。圍繞用戶的社群經營、關係進階等各項工作成為華為內部的日常工作。

但說出來你可能不信，最早被帶入華為手機的核心粉絲只有五個。

還有，馮立問我的那個問題的答案是：社群經營應該是新業務的引擎和主導者，要從這裡出發，倒推、重新建構業務和營運流程。

親密關係

超級用戶和品牌之間有著更親密的關係。愈親密,用戶響應企業事件的速度愈快、支付金額愈大,對產品的貢獻愈大,是普通用戶的五倍。關係的增強直接推動普通用戶上升為超級用戶。

友盟＋：兩年來超級用戶貢獻持續上升

　　2019 年年初，我請友盟＋*幫忙分析 App 產業內用戶組成變化，想看看超級用戶的影響是不是更大了。友盟＋現在為超過 180 萬款 App 提供數據搜集、統計和分析等服務。這類海量數據是一個巨大的寶庫，能為我們提供難得的鳥瞰視角，是我在寫作中經常求助的對象之一。這家公司也早早被阿里巴巴收歸麾下。

　　接到求助後，友盟＋隨機選取了新聞資訊、運動和短影音三個領域的主流 App，追蹤分析了 2018 年 1 月和 2019 年 1 月這兩個時間點的用戶數據。他們發現，這些領域的 App 超級用戶占比和貢獻都在持續上升（見圖 2－1、圖 2－2 和圖 2－3）。

---

*中國第三方數據服務商，提供各網站、應用程式相關數據進行統計分析。

(次)　* 百分比為用戶數占比

日均開啟次數	<20	20~30	30~40	40~50	50~60	60~90	>90
>5	1.65%	2.89%	3.57%	3.43%	2.87%	5.04%	2.72%
4~5	1.26%	1.23%	0.99%	0.65%	0.39%	0.43%	0.11%
3~4	2.56%	1.74%	1.16%	0.67%	0.37%	0.36%	0.08%
2~3	5.50%	2.21%	1.16%	0.57%	0.27%	0.23%	0.04%
1~2	12.65%	2.01%	0.00%	0.00%	0.00%	0.09%	0.01%
<1	40.32%	0.56%	0.13%	0.04%	0.02%	0.01%	0.00%

日均使用時長 (分鐘)

超級用戶占比：11.56%

週總時長占比：42.8%

時長貢獻比：×3.7

a) 2018 年 1 月

(次)　* 百分比為用戶數占比

日均開啟次數	<20	20~30	30~40	40~50	50~60	60~90	>90
>5	2.1%	1.6%	2.0%	2.3%	2.4%	6.7%	16.8%
4~5	1.1%	0.8%	0.7%	0.7%	0.5%	1.0%	0.8%
3~4	2.1%	1.2%	1.0%	0.7%	0.5%	0.9%	0.6%
2~3	4.5%	1.6%	1.1%	0.7%	0.4%	0.6%	0.3%
1~2	10.6%	1.5%	0.7%	0.4%	0.2%	0.2%	0.1%
<1	30.1%	0.4%	0.1%	0.0%	0.0%	0.0%	0.0%

日均使用時長 (分鐘)

超級用戶占比：28.2%

週總時長占比：76.1%

時長貢獻比：×2.7

b) 2019 年 1 月

圖 2－1　新聞資訊類App的超級用戶劃分

注：新聞資訊類App的商業變現邏輯是超級用戶定義維度選擇的前提。
數據來源：友盟＋。

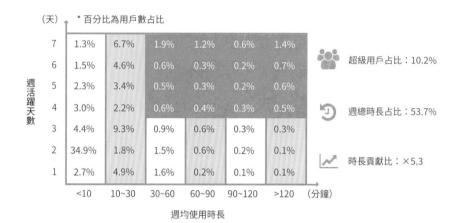

a) 2018 年 1 月

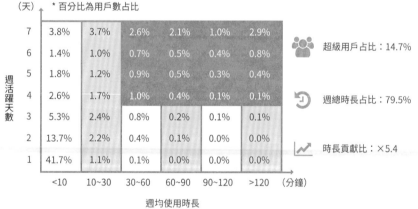

b) 2019 年 1 月

圖 2－2　運動類App的超級用戶劃分

注：以App用戶的一個使用週期，即一週為縱軸，考慮到用戶使用場景，用日均開啟次數並不合適。

數據來源：友盟＋。

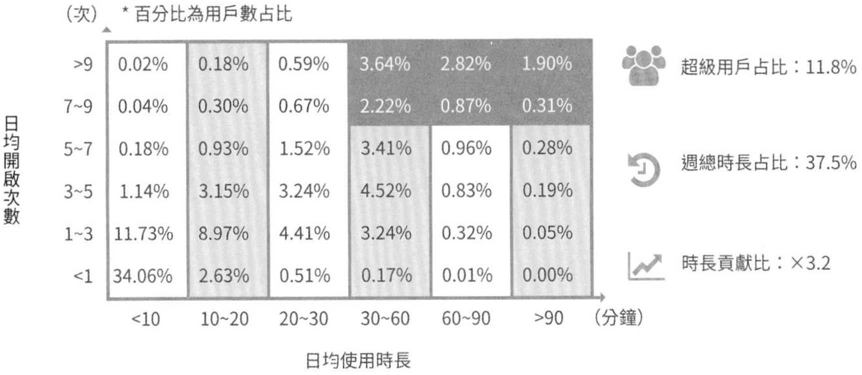

(次)　* 百分比為用戶數占比

日均開啟次數	<10	10~20	20~30	30~60	60~90	>90
>9	0.02%	0.18%	0.59%	3.64%	2.82%	1.90%
7~9	0.04%	0.30%	0.67%	2.22%	0.87%	0.31%
5~7	0.18%	0.93%	1.52%	3.41%	0.96%	0.28%
3~5	1.14%	3.15%	3.24%	4.52%	0.83%	0.19%
1~3	11.73%	8.97%	4.41%	3.24%	0.32%	0.05%
<1	34.06%	2.63%	0.51%	0.17%	0.01%	0.00%

（分鐘）

日均使用時長

超級用戶占比：11.8%

週總時長占比：37.5%

時長貢獻比：×3.2

a) 2018 年 1 月

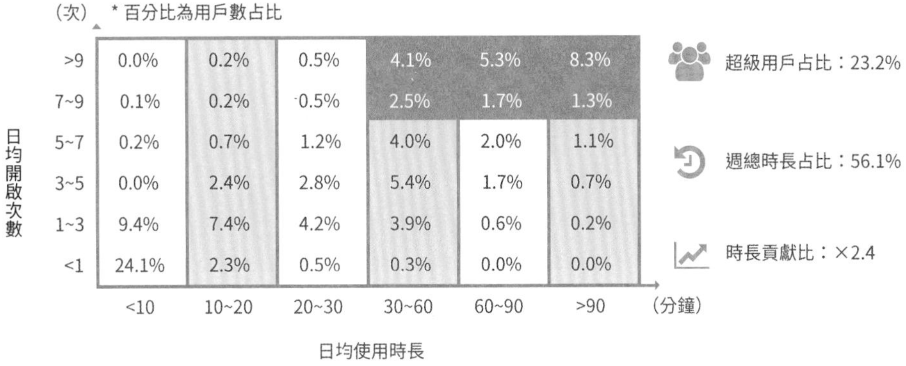

(次)　* 百分比為用戶數占比

日均開啟次數	<10	10~20	20~30	30~60	60~90	>90
>9	0.0%	0.2%	0.5%	4.1%	5.3%	8.3%
7~9	0.1%	0.2%	0.5%	2.5%	1.7%	1.3%
5~7	0.2%	0.7%	1.2%	4.0%	2.0%	1.1%
3~5	0.0%	2.4%	2.8%	5.4%	1.7%	0.7%
1~3	9.4%	7.4%	4.2%	3.9%	0.6%	0.2%
<1	24.1%	2.3%	0.5%	0.3%	0.0%	0.0%

（分鐘）

日均使用時長

超級用戶占比：23.2%

週總時長占比：56.1%

時長貢獻比：×2.4

b) 2019 年 1 月

圖 2－3　短影音類App的超級用戶劃分

數據來源：友盟＋。

例如，新聞資訊類 App 的超級用戶占比從 2018 年的 11.56% 上升到 2019 年的 28.2%，每週瀏覽總時長占比由 42.8% 上升到 76.1%；運動類 App 的超級用戶占比由 2018 年的 10.2% 上升到 2019 年的 14.7%，每週貢獻活躍時長占比從 53.7% 上升到 79.5%；短影音類 App 的超級用戶占比由 2018 年的 11.8% 上升到 2019 年的 23.2%，每週貢獻活躍時長占比從 37.5% 上升到 56.1%。

　　這些上升建立在總體用戶活躍和使用時長普遍下降的基礎上。友盟＋分析了更多單一產業的 App，發現大部分產業的 App 用戶活躍度和使用時長數據都處於下降狀態（見第 60 頁圖 2－4）。當然也存在例外情況，同一時期短影音和教育培訓這兩大產業的 App，短影音類 App 的人均開啟次數明顯增加，但使用時長同樣在縮短；教育培訓類 App 則是使用時長增長，開啟次數明顯減少。

　　在普遍下降的情況下，部分用戶反而更加活躍，所做出的貢獻愈來愈大。而目前，流量增長停滯早已成為整體產業共識，基於這個變化，加大用戶營運投入、更好地服務老用戶也就成為必然趨勢。這些產業 App 的數據變化同樣指向這一結論。友盟＋對比之後發現：**超**

級用戶對產品的貢獻至少是普通用戶的五倍。

增長不僅僅來自獲取新用戶，也來自推動普通用戶轉變為超級用戶、重新召回流失用戶並將其變成超級用戶。

超級用戶不是一個全新的現象，過去十多年來，產業內一直圍繞這個詞在討論，尤其是最近幾年，更加頻繁。翻閱《小眾，其實不小》（*Niche：Why the Market No Longer Favours the Mainstream*）、《超級用戶時代》（*Superconsumers：A Simple, Speedy, and Sustainable Path to Superior Growth*）等書，或從 2018 年年底吳聲和羅振宇*的公開演講中，我們都會看到一個特別活躍、回購頻繁且天生有影響他人能力的群體，這個群體被定義為超級用戶。現在，超級用戶顯然造成了更顯著的影響，在接下來的案例中，我們會反復看到超級用戶的身影。

只是，在當前社交環境中的超級用戶和過去有何不同？回顧華為手機、百度貼吧的案例，我們能夠看到：**超級用戶和品牌之間有著更親密的關係建立和情感連結。**

---

* 兩人為中國最具影響力的網路知識媒體「羅輯思維」創辦人。

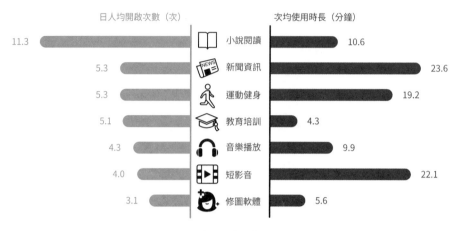

日人均開啟次數（次）　　　　　　　　　　　　次均使用時長（分鐘）

	小說閱讀	10.6
11.3	新聞資訊	23.6
5.3	運動健身	19.2
5.3	教育培訓	4.3
5.1	音樂播放	9.9
4.3	短影音	22.1
4.0	修圖軟體	5.6
3.1		

a) 2018 年 1 月

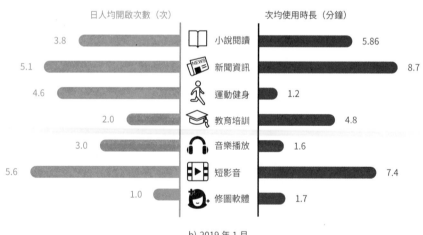

日人均開啟次數（次）　　　　　　　　　　　　次均使用時長（分鐘）

	小說閱讀	5.86
3.8	新聞資訊	8.7
5.1	運動健身	1.2
4.6	教育培訓	4.8
2.0	音樂播放	1.6
3.0	短影音	7.4
5.6	修圖軟體	1.7
1.0		

b) 2019 年 1 月

圖 2－4　諮詢類／娛樂類App更看重時長，工具類App更看重開啟次數

數據來源：友盟＋，以上數據根據各單一產業排名前五的產品進行計算。

十餘年來的產業大變遷

　　在巨人網絡上海總部有一面「大事記」牆，走過時會產生歷史在眼前快速翻過的錯覺。這家特點鮮明的中國網路遊戲公司創辦於 2004 年，2007 年憑藉《征途 Online》網遊登陸美國紐約證券交易所，又在 2014 年 7 月私有化，2015 年年底回歸中國 A 股市場。不過，走在大事記牆前，讓人印象深刻的「大事」不是這些，而是 2014 年年底巨人網絡才正式在牆上標記手遊產品。

　　記得在 2011 年春節，我曾和騰訊 QQ 空間*產品經理溝通，他們告訴我，就在這年春節，QQ 空間手機照片上傳量第一次超過發表文字篇數，並且圖片量直接是文字篇數的好幾倍。這個數據的意義及產業變化大背景被許多人忽略了，連很多騰訊人都沒有意識到行動化浪潮在那時已經掀起。

---

* 騰訊推出的微部落格系統，用戶可以在上面寫日記、上傳個人照片、聽音樂等，還可以透過設定空間背景、購買付費裝飾品等多種方式展現自己。

正是在這一年，微信面世。那時大家絕對想不到，微信會這麼深度地改變今天的工作和生活，它也一度讓騰訊創辦人馬化騰慶幸拿到了「行動船票」*。四年後騰訊微博（就是我曾在的部門）被放棄，原因也和行動用戶占比過少有關。當時新浪微博行動端用戶和電腦端用戶占比達到 6：4 至 7：3，移動端占比較大，騰訊微博用戶比例則是倒過來，甚至只有 2：8，即 20% 是行動用戶。新浪、搜狐、網易等入口網站也被迫讓位給誕生於 2012 年的今日頭條。百度在 2012 年意識到行動端的重要性，經過一年多的發力，終於在 2014 年將 14 個 App 推到億級用戶水準……在這些產業的諸多大事件中，對行動端重視與否幾乎左右了後續十餘年的市場興衰，巨人網絡當然也沒有跳脫這個局勢。

巨人網絡財報顯示歷年收入雖然有高有低，但大多處在增長狀態中，直到 2014 年第一季財報顯示網路遊戲最高同時在線玩家人數同期相比下降 2.7%，財報上說主要是因為當季沒有做大規模的行銷宣傳活動。發布這次財報後，巨人網絡從紐交所下市。等再次回到中國

---

* 馬化騰曾說過：「行動網路（這片藍海）只有一張船票，誰拿到誰活！」

A 股市場時，我們又從財報中看到了後續幾年遊戲收入的變化情況：

- 2015 年電腦端遊戲收入 14.39 億元，行動端遊戲收入 4.56 億元；
- 2016 年電腦端遊戲收入微降 1.3 億元，行動端遊戲收入則上升到 9.56 億元；
- 2017 年電腦端遊戲收入再度減少近 3 億元，行動端遊戲收入上升到 14 億元，行動端遊戲收入全面超越電腦端。

回顧這組數據，2014 年幾乎是行動網路留給大企業的最後時間，2014 年以後，巨人網絡大事記牆上和遊戲產品相關的事件都和行動端相關。搜尋一下會發現，那段時間以後，端遊*發布數量急劇減少。人們不禁要問：大家都去玩《王者榮耀》、「吃雞」去了，還有多少用戶會玩電腦遊戲？但當我們深入瞭解時發現，答案和想像的完全不同。

---

* 端遊指 PC 版遊戲，即透過下載電腦端程式，在電腦上操作的網路遊戲。

愈親密愈活躍：《征途》的關係運用

2018 年的一天，我搭乘最早的航班飛往上海，前往巨人網絡旗下的《征途》團隊拜訪遊戲主要企劃、營運負責人、行銷負責人這三位核心高階主管。這款壽命已經超過 18 年的網路遊戲是巨人網絡的發跡產品，到今天早已分為《征途 1》和《征途 2》兩個版本。最近幾年，《征途》團隊一直在做社交化改造，分別測試和導入了不同親密度的關係鏈，正好為業界提供了難得的觀察樣本。我想瞭解的正是這些不同親密度的關係鏈會為遊戲業務分別帶來什麼幫助。

如前文回顧的發展史一樣，2013～2014 年這兩年，《征途》電腦端用戶和收入都處於下滑狀態。團隊為此一直在分析數據，想摸清新環境中用戶的需求究竟是什麼。顯然，行動端用戶沒辦法用幾個小時來完成一個任務，而大量消耗用戶時間又恰好是許多網路遊戲設

計的初衷，減少遊戲時間成本成為新環境中的用戶訴求。伴隨著這個分析過程的是針對遊戲任務和玩法等方面的持續梳理，團隊逐漸理解：**遊戲必須要做到讓用戶「爽一把」的時間成本更低。**

和玩法變化相比，同樣重要的還有「關係」。

他們當時自問：什麼遊戲能讓人玩十年？現在答案早已揭曉，正是社交關係：「用關係鏈讓用戶相互連結起來，關係鏈愈多，玩家停留得愈久。」不過，找到這個答案經歷了不同關係的階段測試。

最早《征途 1》（2004 年）主打國戰玩法，遊戲中關係鏈以國家、幫會等大群體為主，動輒兩三千人，現實卻是玩家能夠維繫的關係數量非常有限，維繫大群體需要耗費大量精力，因此遊戲中的關係漸漸從大群體轉向愈來愈小的親密關係。 2010 年，《征途 2》推出家族玩法，開始國家和家族並重。相比幫會系統，家族縮小到了以 40 人左右為核心。

2015 年，《征途 2》改造並推出夫妻系統，著重以用戶間的親密關係為主。正是在這個時間點，遊戲下滑頹勢被止住，並在 2016 年重回上升態勢。 2017 年，《征途 1》和《征途 2》同時推出小隊系統──一個六人

組隊的玩法。

幾年間，遊戲導入的用戶關係愈來愈小、愈來愈親密。吸引很多玩家構建這些關係種類，用戶變得更活躍，大幅提高了活躍時長。一個顯著的對比是：在這之前用戶平均遊戲時長為 2〜2.4 個小時，導入這些親密關係後增加到了 3〜5 個小時。

回顧不同種類關係的導入過程，我們多次聽到巨人網絡的不同部門講述類似的故事：某玩家飛到某地，找到在遊戲中結識的前夥伴，請他回到遊戲中來和「兄弟們」繼續玩。而這些兄弟返回遊戲後的第一個動作通常是大額儲值，因為要更痛快、更愉快地和兄弟們一起玩。

用戶在親密關係背書下，更快地做出大額付費的決策。

從 2013 年開始，網路遊戲慣常使用的在遊戲網站大量投放廣告獲取顧客的方式已無法帶來新用戶，最多也只是召回老用戶，即便如此，召回成本也高達 200〜300 元／人。親密的小關係陸續推出使團隊發現，《征途》80% 以上的獲客管道集中於社群網路，來自用戶的

分享和推薦，獲客成本低到可以忽略不計。

　　以 2017 年 12 月推出的《征途 2X》為例，召回前後，活躍用戶同期相比增長 80% 以上，付費用戶數增加 30%。其中透過兄弟組隊、分享禮包等方式進入遊戲的用戶占比達到 60%，並且更喜歡直接付費，例如在我（2018 年）拜訪當天看到的數據是：近期付費最多的大 R 用戶在一週內花費 12 萬元。

　　這款遊戲推出早期就以國戰著稱，大 R 一直是最大的收入來源。R 是「人民幣」字頭（RMB）的首字母，意指人民幣玩家，和今天所討論的超級用戶一樣。在手遊中，玩家習慣將高付費遊戲稱為「氪金」*。以《征途 2》為例，一年內付費金額在 5000～30000 元之間的用戶被稱為中 R，三萬元以上被稱為大 R，付費金額超過 10 萬元就可以被稱為超級大 R。這款遊戲在我訪問時用戶組成及付費比例如下頁表 2－1 所示。

---

* 原為「課金」，指支付遊戲費用，後因中國輸入法關係出現「氪金」，便被大部分人混作一談，逐漸成為中國玩家調侃網路遊戲需大量儲值的含義。

	付費占比（%）	用戶占比（%）
大 R 及超級大 R	32.87	0.47
中 R	34.43	3.16
小額付費及普通用戶	32.7	96.37

表 2－1

2015 年夫妻系統的推出直接拉擡遊戲的營業收入成長 20%～30%。《征途》團隊觀察這些親密關係推出後普通用戶付費情況的變化，發現：

- 中 R 用戶中，8% 上升為大 R（包含超級大 R）；
- 普通用戶中，5% 上升為付費用戶，1.3% 上升為中 R，還有 0.92% 上升到大 R（包含超級大 R）。

導入親密關係對大 R 以上用戶的影響更大，在 PVP 賽事（Player V.S. Player，玩家之間的對戰）、BOSS 爭奪戰、國戰、野外戰爭等場景中產生的付費意願更強，例如 PVP 賽事舉辦期間，付費意願同期相比提升 20% 以上。營運團隊將不同群體在親密關係中的關鍵數據納入一張表格（見表 2－2）以比對觀察。

	用戶類型	付費率 (%)	30 天留存率 (%)	貢獻比率 (%)
週數據	超級大 R	90	89	60
	普通用戶	4.30	48	9
月數據	超級大 R	95	97	65
	普通用戶	7.06	61	7

表 2－2

　　顯然，**親密關係為用戶持續活躍、提升新用戶獲取速度和獲取能力、增強付費意願等方面都提供了非常大的幫助**，在上述週數據和月數據中都非常明顯。愈是面對超級用戶群，留存、付費提升、擴散和召回效果愈顯著。親密關係協助了這款 15 年的老遊戲完成了從電腦端向行動端的遷移。

　　中國運用親密關係同樣純熟的網路遊戲還有網易旗下的《大話西遊》、《夢幻西遊》等，我也曾求助於網易創辦人丁磊，得以和這家公司的遊戲部門面對面溝通。他們告訴我，網易遊戲的用戶留存一直穩定維持在較高比率（當時我記錄下的數字是 75%～80%），這得益於運用師徒、同袍、夫妻等親密關係，並在策劃遊戲之初就將其作為基礎存在。如果僅僅觀察網易遊戲本身，無

法明白地確定親密關係對產品形成的影響。而《征途》
對用戶關係的不斷調整和導入，恰恰讓我們看到了其中
的變化。

群眾募資一個飯店：
Himama 的群像分析

2018 年春節前夕，我去參加一個女性社團的年末活動。在 200 多位女性成員參與的晚宴現場，作為罕見的外部男性嘉賓之一（另一位是聯合主持人），整個下午我一直努力縮在角落，讓自己看起來更像一個工作人員。其實，我根本不是受邀前往，而是自己主動提出前去觀摩。

這個女性社團叫「Himama」，由北京市順義區的一些媽媽組成，即使用最鬆散的方式計算（例如將所有微信群組內的人都算上），也才 1200 人左右，這是今天大部分用戶常見的社團形態。發起人之前邀我討論社團如何發展，順便有了此次年會之行。

和大部分企業晚宴流程相似，這次活動設計有走紅毯和簽到拍照環節，成員們準備了各種美食、精彩的節

目和豐富的獎品。晚宴看起來還有些忙亂，直到活動開始前一刻，部分節目沒來得及彩排就要按照順序等待上場。但這並不影響現場氣氛，沒人關心節目表演專業與否，成員只在意自己有沒有參與，在走秀環節甚至大部分成員都上臺參與。等活動進行到一半，主持人乾脆拋開原定流程，直接帶領大家搖起了紅包*。因為社團並不大，大部分成員相互認識，現場其樂融融，當晚幾乎每位參加者都在微信朋友圈用大量的圖片和文字表達了愉快的心情。

年末聚會本就是由社團成員自發性組織，包括每個節目、每項禮品贊助、每位現場服務人員，都是由社團成員負責。這次活動甚至還獲得了幾大品牌提供的現金支持——超過 12 萬元，正好涵蓋從飯店場地到搭建、餐飲等費用。

晚宴結束後的某一天，我和 Himama 的組織者榮榮再度坐在一起，繼續討論社團躍遷和商業化這個話題。

---

* 中國興起的「紅包行銷術」，只需要搖一搖手機就可以透過應用程式領取商家或是活動主辦方發放的金額、數量不等的電子紅包。

這個社團暫時還沒有商業化，因此在做各種前期探討。如今，社團早已成為用戶在社群媒體中的常見生活形態，並且母嬰、女性社團一直是商業化最迅速、最活躍的領域，商業化也是評判社團躍遷、成長的重要指標。過去數年，在社群電商、私域電商、社區團購等創業領域，「三媽」（辣媽、寶媽、大媽*）族群是孕育這些市場和業務最肥沃的用戶土壤，撐起了多個明星級業務。

　　榮榮提供了一張 2017 年 Himama 社團大部分團購和商業活動銷售額粗略統計表（見下頁表 2－3），其中記錄的各種團購與商業活動都出於自發性（社團暫時沒有營運團隊，都是成員義務兼任，就像年末聚會那樣）。另外，表格統計非常粗略，部分活動可能被遺漏。原始表格中還有詳細品牌名稱，為了方便閱讀，我做了簡化處理。

---

* 在中國，「寶媽」泛指在家帶孩子的全職家庭主婦，根據打扮、身材等外貌狀態區分為辣媽或大媽。

	品牌	參加人次	單價／均價 (人民幣)	總金額 (人民幣)
一般事項	A	130	1,904	247,520
	B	52	4,800	249,600
	C	110	1,680	184,800
	D	192	400	76,800
	E	360	260	93,600
	F	121	60	7,260
	G	120	60	7,200
大型活動	年末晚宴	200		120,000
	群眾募資	20		9,400,000
總計		1305		10,386,780

表 2 - 3

有意思的是，這張表格一統計完成，就已經為這個社團的日常營運、商業化可能、躍遷壯大等指明了方向，也為許多小型社團提供了明確的借鑒。

表格中「一般事項」是社團成員日常發起的大型團購，被統計在冊的有七次，參與成員人均支出約 799 元。實際進行的團購或商業活動超過這個數字，只是因為當時沒有記錄或因金額太少而被遺漏。

Himama 的組建遵循「三近一反」原則[*]，1200 位媽媽大多是附近幾個社區的鄰居——地域相近，方便成員們舉辦下午茶、聚會聊天或者孩子們放學後相約在社區周圍玩耍，而且每家孩子的年齡相差不多，媽媽們對子女教育的看法和對消費品牌的認知不會相差太遠。

回溯一年來社團的發展，榮榮首先驚訝於大型團購的頻繁發起，多是因為某個成員經過自己的選擇和使用，在社團內推薦，吸引了更多成員購買。1085 人參與，表示大部分用戶其實無須「經營」，有這類好友們在，需求自然能被解決，這就是活躍的根本。

再看為社團帶來了 952 萬元的大型活動，第一個是剛提及的年末晚宴，雖然 12 萬元的金額不多，但對一個小型社團來說十分難得。要知道，從群組內大家發起聚會提議到最終舉辦只用了一週多的時間。除搭建所需的專業服務公司外，其餘工作都由社團成員自己負責。

---

[*] 作者在其著作《即時引爆》中提到組建優秀社群的基本原則，三近為地域相近、興趣相近、年齡相近；一反為性別相反。

此外，還有 80% 左右的參加者專門購置了晚禮服，這期間媽媽們居然還有餘力找來贊助。

第二個是一個群眾募資項目，一夜之間募得 940 萬元。社團內，親子教育方面的內容是媽媽們討論最多的，例如，假日可以去哪裡玩？如果不去才藝班，能在哪裡親近大自然？直到有一天，榮榮和另一位核心成員提出創建一個親子飯店，一下就獲得了大家的支持，群眾募資就是在這個基礎上發起的。

2017 年 11 月 28 日，親子飯店專案正式在一個群眾募資網站推出，社團的媽媽們聞訊而來，僅一個小時就募集了 300 萬元，經過一夜，募資金額達到 940 萬元。

在募資金額上，我們也能看到群體差異：

- 第一批付費的社團成員多選擇最高金額 15 萬元的專案，還有些媽媽詢問能否開通更高金額的選項（如設置 50 萬元或 80 萬元的專案），這些媽媽是平時參與討論和互動、實際見面次數多的成員，關係也最緊密；

- 後續被吸引進入群眾募資專案的用戶，60% 以上選擇了最低 3 萬元的專案，她們有些是被群組內募資氛圍影響，有些則是單純被內容吸引，相對來說信任感沒有那麼強。

用戶依據不一樣的信任度給出了不一樣的金額。其中，關係親密、彼此之間互動頻繁、信任感強烈的媽媽們願意或實際給出了比一般群眾高 5～10 倍的募資金額。社團成員平時愈親密、愈信任，響應愈及時，並且給予了最高信任度，甚至希望認購更高金額。

顯然，**更親密和信任度更高的關係會催生更大的大型事項和高付費的超級用戶**，社團如果能夠聚焦在推進成員關係的親密度上，會挖掘出驚人的收入潛力。

2018 年結束後，榮榮再度分享當年收入金額表格（見下頁表 2－4）給我。這一年，日常團購繼續增加，重大項目略有減少，不變的是超級用戶依然貢獻了絕大部分金額。

	品牌	參加人次	單價／均價 （人民幣）	總金額 （人民幣）
一般事項	A	122	60	7,320
	B	19	3,200	60,800
	C	8	500	4,000
	D	7	1,800	12,600
	E	10	2,000	20,000
	F	55	158	8,690
	G	750	1,500	1,125,000
大型活動	舞會	160	800	128,000
	年會	120	1,200	144,000
	群眾募資	76	66,000	5,016,000
總計				6,526,410

表 2 - 4

在這些案例中，我們看到，**超級用戶群體的背後是親密關係**。不論是企業和品牌導入用戶已有的親密關係，還是協助用戶在自己的產品中和其他用戶形成親密關係，或者品牌直接和用戶形成親密關係，都會產生正向的結果。

Part
03

私域浪潮

無論是騰訊研究報告還是鄧巴教授（Robin Dunbar）的發現，都指向一點：用戶的時間和分享開始流向最親密的 15 位好友。在社交網絡中，現在的關鍵是社群，未來一步卻是親密關係。

騰訊報告：
用戶分享的去向變化

　　2019 年年底，騰訊旗下企鵝智庫發布《2019～2020 內容產業趨勢報告》，比對分析了 2018～2019 年用戶分享行為的變化（見圖 3－1）：用戶分享到微信群組的比例從 33.7% 上漲到 53.5%；分享到微信朋友圈的比例從 53.9% 上漲到 62%；分享給微信好友的比例從 47.0% 微漲至 47.1%，幾乎沒有變化。

　　當用戶需要做出決策，例如決定是否下載某 App、購買某商品，朋友、同事推薦和家人、親戚推薦占據了前三大影響因素中的兩個，共計 68.8%。超過應用程式商店推薦和看廣告知道，甚至手機內建軟體（見圖 3－2）。

　　報告中分析了一個典型的超級用戶，如第 83 頁圖 3－3 所示，被模擬為普通但熱情的劉大媽，擁有快速且高信任度地影響一小圈熟人的能力。報告直接指出，

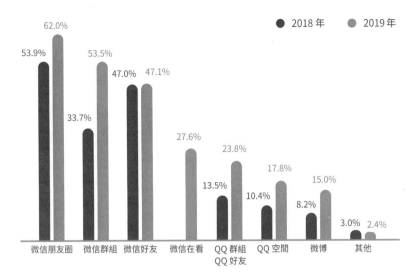

圖3-1　你通常會將好的資訊內容分享到哪裡

數據來源：企鵝智庫・企鵝調研（2019.10）

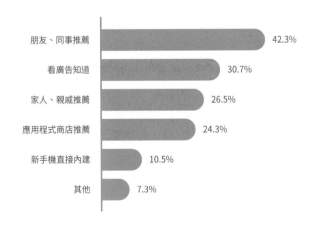

圖3-2　2019年新安裝的高頻率使用App（前五），你從哪些管道得知的

數據來源：企鵝智庫・企鵝調研（2019.10）

「這種能力會讓內容在新紅利市場取得『微中心化』的傳播效果」，並經過更多超級用戶跳躍傳遞，最終囊括更大的市場。

這份報告幾乎再次證明了用戶分享行為和決策方式的變化。在社群網路中，分享數量和用戶分享意願幾乎等同於流量多少。任何細微變化都意味著海量流量發生巨變，例如社團時代開啟就和「用戶分享更多資訊到更多群組中」這個轉變有關。

我在日常工作中也習慣長期追蹤和觀察用戶分享行為的變化，從《社交紅利》、《即時引爆》到《小群效應》，再到本書，我一直持續不斷地提及當時社群網路的分享數據。

2022 年 3 月，我系統性地比對了見實科技連續四年間（2019～2022 年）同一時期的用戶分享量（見表3－1）。見實是我於 2018 年創辦的自媒體團隊，初衷是關注社群網路新浪潮、業界如何透過社群網路實現商業增長。現階段，我們將目光和注意力都放在「私域流量」這波浪潮中，為此一直在梳理對應的方法論。

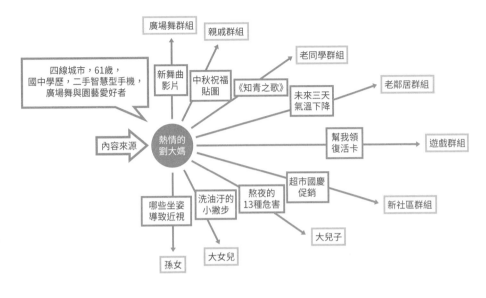

圖 3－3 普通但熱情的劉大媽

時間	2019 年 2 月 6 日～ 3 月 7 日	2020 年 2 月 6 日～ 3 月 7 日	2021 年 2 月 6 日～ 3 月 7 日	2022 年 2 月 6 日～ 3 月 7 日
見實公眾號 分享量	11044	12663	15253	21418
每日平均 分享量	368	422	508	713

表 3－1

從表 3－1 能看出實際分享量在上升，不過，如果考慮每年粉絲數量的快速增加，會發現分享量的提升就不是那麼明顯了，甚至在人均數據上反而有所下降。

我一度擔心是不是個案，為此特別求助一家處在微信公眾號頭部區域[*]的自媒體集團，請他們幫忙查看他們的分享數據。這家自媒體集團有 1.56 億粉絲，旗下有七種關注不同領域的帳號，粉絲男女比例和年齡分布都很平均。每天，這些粉絲的文章分享量在 11 萬左右，每個分享動作平均帶來 4.63 次瀏覽。每天總瀏覽量為 726 萬次左右。不過，這個集團只比對了 2018 年和 2019 年兩年的分享數據，他們看到 2019 年用戶分享量只有上一年的 66%。

用戶似乎愈來愈不愛分享。

用戶分享的變化可以歸結為兩個現象：一是分享疲倦，二是圈層陷阱。我們正愈來愈頻繁地面臨這兩個現象。

---

* 取自中國的「頭部效應」——在一個領域中，第一名往往會獲得更多的關注和資源。頭部區域指的就是你所處的競爭環境中具備高價值且有優勢的領域。

分享疲倦是指用戶還在，但分享意願銳減，分享次數減少到可以忽略不計。用戶正在從曾經的頻繁分享變成擔心分享會影響個人形象，擔心無聊資訊會騷擾到朋友，因此減少了分享次數。只有那些更符合第六章所闡述的「用戶的投入產出比」特點的內容和活動，才會被用戶更積極地分享。

　　圈層陷阱則是用戶依然在分享，但分享帶來的瀏覽和轉換愈來愈低。仍以見實為例，2018 年用戶平均分享一次就能新增一兩個粉絲，2019 年 10 月變成了平均分享 5.9 次才能新增一個粉絲。另一個小遊戲團隊看到的數據也類似：2018 年 4 月，平均 1 位用戶分享可以新增兩三個用戶；2019 年 4 月，20、30 位用戶分享才可以新增一個用戶。後續幾年，這個數據我們甚至都懶得分析和計算了。

　　分享行為的變化愈來愈快，連帶著用戶決策這個關鍵行為也迅速調整。

　　騰訊行銷洞察於 2020 年 1 月發布《2020 中國「社交零售」白皮書》，其中提到：82% 的用戶在進入購買管道前就已做好購買決策，77% 的用戶購買前後主動裂

變*，還有 19% 的用戶忠誠回購。

這份白皮書揭示的是 2019 年的用戶行為變遷。用戶進入購買管道前就已經做好購買決策，讓去中心化推薦這件事情成為根本，並構成了往後數年私域流量中電商爆發的基礎。

2021 年 4 月，騰訊行銷洞察在其發布的《2021 中國私域行銷白皮書》中更新了數據。這份關注和分析 2020 年用戶行為變化的白皮書，反映了新冠肺炎疫情肆虐的一年中線下生活方式加速向線上遷移的情況：

- 79% 的用戶過去一年曾在私域消費；
- 購買後，70% 的用戶願意在私域回購，48% 的用戶至少每月購買 1 次；
- 80% 的用戶願意在私域進行分享。

兩年間，用戶分享意願不斷增強，並伴隨著轉換率和回購率的同步提升。

---

* 出自原子彈的爆炸原理，當一個外力打到原子，爆炸後便開始裂變，刺激其他原子不斷分裂產生能量。延伸出的商業含義為：透過客戶的社交圈影響力，把產品及服務快速擴散，產生影響力。

作為一直關注社交生態的從業者，僅這些數據本身就足夠令我驚訝。不過，沒有對比，業界可能很難瞭解這組數據究竟意味著什麼。2018 年，我特別請阿拉丁公司執行長史文祿幫忙，對當年小程序*的分享數據進行全量分析（total analysis）。阿拉丁指數是研究和分析小程序營運的數據平臺，數據正好可以用來比對。

在結果中，我們可以看到不同行業的資訊分享比率（見表 3－2），其中內容資訊類小程序的分享率是 2.60%，和上述見實公眾號及自媒體集團的分享率相

主要產業	分享率（%）	分享回流比例	分享新增率（%）
遊戲	13.85	10.00	0.81
社群	14.39	8.08	1.17
網路購物	0.68	1.70	0.30
線下零售	1.15	3.76	1.11
工具	7.84	33.16	2.68
生活服務	0.66	3.41	1.55
圖片攝影	6.28	2.02	0.76
內容資訊	2.60	6.91	2.14
教育	13.71	3.58	1.45

表 3－2

* 騰訊推出的一種不需下載安裝就可以在 WeChat 平臺上使用的應用程式。

當。而網路購物類的分享率低到了 0.68%，也就是說每1000 人在小程序上購物後，平均只有 6.8 人分享出去。

　　騰訊正是將小程序劃分為私域流量範圍（小程序是私域轉換的三大實踐場域之一）。一邊是 2018 年電商領域正常分享率平均只有 0.68%，另一邊是《2021 中國私域行銷白皮書》中所記錄的高達 80% 的分享率。除去取樣群體和平臺差異、時間差異，巨大的數據差別或許就在回答一個關鍵的問題：「分享這個關鍵行為發生了什麼變化？」

15 位親友占據用戶 60% 的時間

　　牛津大學人類學家羅賓・鄧巴的發現很好地解答了分享的去向為什麼發生了劇烈變化，以及由此引發了什麼樣的市場變革。鄧巴教授就是那個社群媒體從業者經常提到的「150 定律」（鄧巴數）的提出者，他看到了愈是親密的圈子，用戶活躍頻率愈高。

　　「五個人的核心小圈子，至少每週（聯絡）一次；15 人的小團體，至少每月一次；而 50 人的關係圈，至少一年要聯絡一次。這也與我們對親密度的感知一致：五人核心小圈子的關係最為緊密，外圍一點的 15 人小團體則稍顯疏遠，對於更外圍的圈子（如 50～150 人的圈子），親密程度會持續下降。」

　　活躍度會高到什麼頻率？鄧巴教授在調查中看到，**今天用戶全部社交時間的 40% 都給了最親密的五個**

人，如果再加上略微親密的十個人，也就是 15 位好友，會占據用戶 60% 的時間。日常發出的訊息（簡訊），85% 給最親密的兩個人。

在翻看這組數據時，我腦海裡也冒出了騰訊旗下手機遊戲《王者榮耀》中提到的一個相似的數據。遊戲營運團隊曾在一個賽季中推出問答活動，其中一個問題是：「每個人最多可以同時擁有多少個親密好友？」

正確答案是 16 個。

遊戲問題的背景應該是問用戶在《王者榮耀》中可以締結、形成的親密好友數。通常我們說網路遊戲就是社群媒體的一種，有趣的是，騰訊擁有無數社群關係大數據，在這個大基礎上設置小問題得到的答案和鄧巴教授靠社會學研究數據得出的結論極其相似。

因此，鄧巴教授在他所著的《社群的進化》（*How Many Friends Does One Person Need?*）一書中明確提到，社群核心是親戚，而不是朋友。

換句話講，社群營運的未來就是形成更親密的關係。

騰訊歷年的白皮書、調查研究報告所間接反映的用戶分享行為的變化，以及鄧巴教授的研究發現，都可以用這樣一句話來表達：**社交網絡經營的關鍵是社群，社群的重點是小群，小群的下一步是親密關係。**

用戶購買決策受好友影響

　　分享去向的變化直接導致了決策方式的變化。前文提及朋友、同事推薦和家人、親戚推薦已經占據影響用戶安裝 App 決策的前三大因素中的兩個，而 82% 的用戶在進入購買管道前就已做好購買決策。其實，商業世界的變化比想像中的更早、更大。

　　中國一家大型電商網站曾做過一項「好友對用戶購買決策的影響」測試（隨著 2021 年 11 月起中國實施《個人資訊保護法》，類似測試可能愈來愈罕見）。在該網站，僅手機類別一項，每天有超過 300 萬用戶搜尋、到站造訪，每位用戶至少造訪十個網頁。但這些瀏覽行為並沒有直接帶來實際銷售轉換，每天僅有 5% 的用戶會實際購買。如果僅看每天 3000 萬的瀏覽總量和購買轉換的比率，這個數據還會下降到 0.5%。

　　平均數據顯示，瀏覽行為和訂單轉換的比率為 2.5%，即 100 位查看了商品詳情頁面的用戶中會有 2.5

人下單購買，部分品項的該數據還會提升到 15～25 人。

　　為什麼實際看手機產品，訂單轉換率就會這麼低？這讓產品經理們有點無法理解。繼續分析數據，產品經理們還看到另一個現象：用戶會在五天內持續造訪、瀏覽這些手機產品的詳細資訊網頁。

　　種種相關現象和結論暗示了用戶決策過程中的糾結。用戶在判定是否需要購買某項產品時，不知道如何決策，猶豫再三，這一判斷體現在了大量的搜尋和瀏覽行為上。

　　在溝通這件事情時，恰巧我要更換舊手機，有一位同事拿著他的手機告訴我「這機型好用」，我就直接選擇了下單。在這之前，我和團隊還做了部分社群電商用戶訪談，迄今仍清晰地記得其中一個回答，有時我覺得這就是今天產業變革的最佳解釋：**「我看著這個商品簡介，不知道它是否適合我。」**

　　當用戶的資訊獲取和購買決策不再受平臺和媒體推薦的左右，而是受朋友們的影響時，產品經理們就開始構想，如何從用戶資訊獲取和用戶決策影響這兩個方面去解決問題。就目前情況而言，從用戶決策影響更好入手。產品經理們猜測：手機這種需要在聊天、聚會時擺

放在桌面上的硬體產品，用戶是不是更願意和好友趨於一致？

他們因此建立了一個分眾開放式測試：在參與測試的用戶搜尋、瀏覽部分手機品牌時，系統會主動詢問用戶是否願意看看好友們買過什麼手機。

測試中，產品經理們小心翼翼地控制隱私，每步都需要用戶主動點擊和確定參與，並且所見數據都僅限於百分比，例如「你的好友中 30% 都在用○○手機」。很快他們就看到了變化：導入好友相關決策資訊後，用戶的購買比率提升為 23%，是之前的 4.6 倍。同時，用戶購買決策由五天縮短至一天，並且愈小眾的品牌，表現愈突出。

是的，好友的購買決策有助於用戶快速決定，並且品牌愈小眾，來自好友的推薦對用戶決策的影響愈大。

所有商品都這樣嗎？至少從測試來看，高價低頻率、較高決策成本、需要經常被展示的商品更符合「用戶購買決策受到好友的直接影響，並且 82% 的用戶在進入購買管道前就已做好購買決策」等結論。使用手機最常見的場景就是大家聊天時將它放在桌上，言談間無形中推薦和展示都會形成「社群同步」現象：你買我也買，你用我也用。

私域流量的本質是親密關係

　　2020 年新冠肺炎大流行期間,《中國消費者報》在其公眾號上發表了一篇投訴文章,裡面講述了這樣一個案例:疫情爆發早期,口罩極度緊缺,一家名為「海豚家」的社群電商公司在 App 上銷售口罩引來大量用戶下載,一度衝上同類 App 下載榜單第二。結果該公司因供應商無法正常供貨而強制退款,致使上萬用戶投訴。這裡倒不是要說投訴案例,而是文中提及一個用戶的下載軌跡:一位消費者因為嬸嬸推薦,下載了這家電商 App 並付費成為會員,而這位嬸嬸是因為同事將連結發送到了公司群組、同行群組,帶動了許多同事、同行下載。

　　它解釋了新浪潮「私域流量」崛起的原因。新浪潮在海外市場同步湧動,只是被稱為直接面對消費者的行銷模式。

2018 年「私域流量」被納入中國產業討論關鍵字範圍，到 2019 年下半年已發展為產業最受關注的熱門關鍵字。通常人們定義這個詞時會說，相比搜尋引擎、新聞媒體、電商網站這些由平臺編輯、演算法主導的平臺（業界稱之為「公域」），私域流量是企業可以自己掌握、反復觸及、持續影響的用戶群體。

騰訊對私域則有不同的理解，其在 2022 年年初發布的數據顯示，已有 1000 萬家企業透過企業微信*連接各自的用戶。騰訊旗下的微信和企業微信、騰訊智慧零售、騰訊廣告早已成為私域基礎平臺。在財報中，騰訊將私域定義為「品牌和用戶之間長遠而忠誠的關係」。

不論怎麼定義，早期大部分私域流量所用的策略都很類似：將用戶新增為微信或企業微信好友，以便每天透過朋友圈、客戶群組，乃至一對一發布資訊來提供服務。例如，一個小團隊為商業用戶提供預訂飯店和機票的服務，如果用戶想預訂北京天壇附近的飯店，團隊會在微信上列出符合要求的清單並一對一推薦，價格和攜

---

* 類似於臺灣商家習慣使用的「LINE @」，幫助企業或店家與目標群眾高效溝通以及管理。

程平臺*一致，特別之處在於幫用戶爭取免費早餐券、彈性延遲退房券等權益，也沒有手續費、退票費等麻煩，用戶回購行為達到 80%。另一個小團隊做奢侈品保養，在微信上仔細將保養修護前後的對比圖傳給用戶，優質服務曾吸引一位客戶轉推薦了上百個新客戶。

早期，大批淘寶賣家就是採用將買家新增到微信進行私域營運的策略，他們在那時就已經發現，私域可帶來 70%～80% 的訂單和銷售額。

2019 年 11 月，我們邀請了許多創業者、投資人在北京舉行了私域流量大會（這是當時業界第一個私域產業大會，見實也自此直接聚焦於私域領域）。當時，天使灣創投執行長龐小偉提到，私域流量是個人服務提供商一對一地提供深度優質、個性化的服務。對小團隊來說，人手一支或數支手機即可提供服務，依靠為用戶提供一對一的深度服務，在私域崛起的早期甚至能建立起 5000 萬～2 億元規模的業務。

擁有幾百萬甚至幾千萬用戶的大型企業則很難這

---

* 類似於臺灣 KKday 的網路旅遊平臺，提供住宿、交通和在地行程等的預訂服務。

麼做，因為設備及帳號、品牌管理、內容服務和活動設計、銷售管理、售後服務等一系列關鍵環節都需要更龐大的系統支撐，他們顯然更關心會員管理、圍繞提升用戶回購和用戶生命週期的經營等事項。

描述這個過程其實是簡略且快速回顧私域發展的過程，以及揭示不同層級企業對私域需求的差別，從表面看，如圖3－4所示

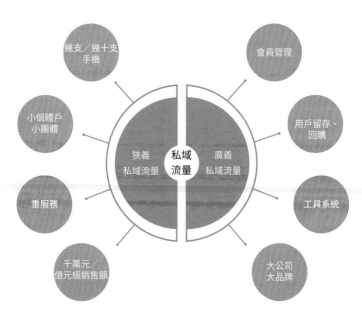

圖3－4　私域流量

但這種劃分依然無助於瞭解私域流量，無助於瞭解親密關係所推動的新市場。在私域流量中，超級用戶是最基礎、最核心的現象。僅以狹義私域流量和廣義私域流量劃分，還不足以理解超級用戶現象。

切回到關係的層面，這些問題便豁然開朗。騰訊定義私域是「品牌和用戶之間長遠而忠誠的關係」。我則一直將私域流量定義為「在一對多之間模擬、形成、增強一對一的親密關係」。

一對一的親密關係是在兩個人或用戶和品牌之間模擬形成某種親密關係。一對多，顧名思義，是讓幾十萬、上百萬乃至更多的用戶和品牌模擬形成親密關係。企業和品牌就是那個「一」，幾十萬、上百萬用戶是那個「多」。在一對多之間模擬一對一的親密關係，意思是讓每個用戶都和企業建立長遠而忠誠的親密關係。

團隊往一對一方向前進就成為狹義私域流量，往一對多方向前進則成就廣義私域流量。不論哪個方向，都是對親密關係的不同理解和運用，或者說是企業如何經營用戶關係。這也是我在近年來業界演講和分享中總是強調這句話的原因：親密關係會釋放新一輪社群紅利，私域流量是第一波浪潮。

因為用戶的分享和推薦行為愈發集中於自己的親密關係（即最親近的 15 個人），購買決策也受到這個小圈子的直接推薦影響。

品牌只有進入用戶最親密的 15 個人的範疇，才能在新商業浪潮中站穩腳跟，而這也是新商業浪潮的開始。

至於新浪潮叫什麼，根本不重要，或許是私域、DTC，或許是其他什麼新名詞，但親密關係一定是新商業的基礎。它表面上為品牌和企業帶來了具備典型「四高」特徵的超級用戶，實際上，背後是全新的流量規則、產品設計和交付方式，甚至大家已經習以為常的組織結構和企業管理也在發生變化。

新增長飛輪

三種親密關係不僅幫助我們理解和抓住未來的關鍵，還在
過去兩大社交引爆模型和「裂變六字」的基礎上再度孕育
出新增長飛輪。

人們的密友數量更少了

社群媒體這麼發達，人們的密友數量多了，還是少了？某一天，我心裡冒出了這個問題。

《社交天性》一書中有一小節直接叫「淒涼的人生景象」，裡面提到一個調查問卷：1985 年在美國展開的一次關於密友數量的調查中，59% 的受訪者回答密友數量在三個以上，10% 的受訪者回答是 0；2004 年，認為自己有三個以上密友的受訪者比例降到 37%，回答是 0 的受訪者比例則上升到了 25%。

「這是何等淒涼的景象：走在街上的行人中，每四個人中就有一個是孤零零的。」作者在書中這樣憂慮地寫道。看完這一段，我在想是不是我們的情況也類似，於是在朋友圈中進行了一個小調查。我這樣詢問：過去半年中，能討論具有重要意義的事項、深夜值得面對面痛哭和傾吐心事、交託祕密的密友，你有幾個？有 62 位朋友參與了這個小調查，結果見表 4－1。

密友數	選擇這一選項的人數
0	5
1～3 人	34
4～6 人	21
超過 6 人	2

表 4－1

五個人（8%）認為自己沒有密友，34 人（55%）有一到三個密友，和前文提及的美國的調查結果（59%）相當，然後是密友稍微多些（超過四個密友）的 23 人。當然，這個數據沒有不同時間對比，涵蓋範圍也很小，不具備多少說服力，只是印證了「知己難求」那句話而已。

難求也總要求，人們對親密關係的需求在工作和生活中無法填補時，某種程度上才將親密關係投射到不同的品牌和產品上。用戶進入親密關係已成趨勢，和用戶形成親密關係也能幫助品牌穿越不同商業週期。

運用親密關係的三大方式

　　在不同案例中，可以看到品牌用三種親密關係推動普通用戶成為超級用戶。

　　第一種是直接運用和導入用戶現有的親密關係。

　　在下文中會提到掌通家園*和言小咖**的案例。掌通看到了對幼兒的關心會使平均 3.68 個長輩透過影片遠端即時關注小孩在幼稚園的情況，付費的家長平均每天登錄 17 次，平均每次使用 2.5 分鐘（每天累計活躍 42.5 分鐘）。在言小咖，父母對孩子的愛使他們對記錄孩子成長的影片沒有抵抗力，會主動將這些影片擴散給身邊大約 150 位親友。

　　從 2017 年下半年開始，以女性、少年、老年人、

---

* 中國一個提供學校老師和家長交流的網路平臺，學校會即時發布新聞、活動通知等，讓家長第一時間可以掌握和參與校園生活。

** 中國專業的口才培訓軟體，提供兒童故事表演、戲劇表演、情商訓練等課程。

下沉市場*等群體和區域為代表的小程序創業項目不斷湧現，到現在，小程序成為私域三大實踐轉換場景之一。根據數據推測可知，2021 年小程序電商的銷售額規模已經達到 3.2 萬億元。其中女性推動了無數社群電商企畫爆發，圍繞老年人提供服務和娛樂的小程序也幾乎占據了小程序市場頭部區域。究其原因，可以看見這些群體的關係鏈多以親密的小圈子為主。

　　以當時一款名為「黑咔相機」的小程序為例，2018 年春節前後，黑咔在小程序產品功能上提供類似「天空玩法」功能，即用戶拍攝包含天空的照片，小程序可以自動幫用戶將天空部分變得五彩繽紛，例如出現氣球、煙火、彩色且寫意的雲朵。愛攝影的老年人習慣將照片做成電子明信片傳給好友，這個新玩法正好幫助老年用戶提升了明信片的趣味性，而且小程序不用下載、使用簡便。在親密小圈子的幫助下，這些明信片從上海一個小圈子分享開始，迅速擴散遍及全上海，又最終成為頭

---

* 指中國三線以下城市、縣鎮與農村地區的消費市場。這塊市場的消費群眾是網路電商的空白區，近年在中國掀起開發熱潮。

部產品，半年內收獲了 1.2 億用戶。

騰訊此前分享過一個數據：絕大部分用戶的 QQ 和微信好友數在 100 以內，甚至不及鄧巴數 150 人的規模。 2019 年下半年，騰訊廣告發布了一份以小鎮青年為分析對象的報告，其中寫道：近 70% 的小鎮青年與父母、子女同住，親情常伴，鄰里友好，更習慣透過朋友圈獲取資訊（17%）或在微商平臺購物（13%）；在下沉市場中，用戶好友數少且以周遭親密小圈子為主。

可以說，從催生出社群電商幾大不同循環的新機會到小程序的爆發，都和這些群體的特點緊密相關：女性、少年、老年人、下沉市場等群體和區域市場更易於利用好用戶的「親密關係」。

第二種是在自己的產品中推動用戶之間形成和增強親密關係。

我們在前文中看到，華為花粉年會吸引粉絲聚在一起，他們的大部分訴求是見見其他粉絲朋友，或同城市很熟但很少見面的朋友。在 Himama 社群中，地域相近（鄰居）帶來的更多互動讓大型活動的孵化變得更輕鬆，也讓這個群體願意支付更高金額的費用。

推動用戶之間形成親密關係，對於用戶活躍和留

存、超級用戶的出現有巨大的幫助。

這裡再介紹一個案例。小米平臺上曾有一款《槍神》遊戲，其中導入了由玩家們婚戀形成的親密關係，我找到遊戲團隊請求他們幫忙分析一下親密關係為玩家活躍、付費等關鍵行為帶來的變化。《槍神》團隊很痛快地答應了請求，他們調出 2017 年 4 月其中一個管道 24 萬名活躍用戶的數據，參與婚戀的玩家人數為 4.1 萬，占全部活躍玩家的 17%。婚戀分為「戀愛、結婚、分手、離婚」四種狀態，為了便於觀察，《槍神》團隊僅選取了 2017 年 4 月在遊戲中處於戀愛狀態的 4169 名玩家進行分析。如果僅看結果，在遊戲中戀愛對用戶付費沒有太大影響。例如在遊戲中 50% 的戀愛玩家的付費金額提升，47% 的付費金額反而下降，3% 的消費保持不變。

將用戶區分為小 R、中 R、大 R 和巨 R（大 R 和巨 R 就是我們常說的人民幣玩家，即超級用戶）後，數據立刻反映出不一樣的結果（見下頁圖 4－1），親密關係對提升用戶進入中 R、大 R 和巨 R 等級的效果顯著。說明付費用戶更在意遊戲中的戀愛系統，願意和玩家建立新的親密關係。

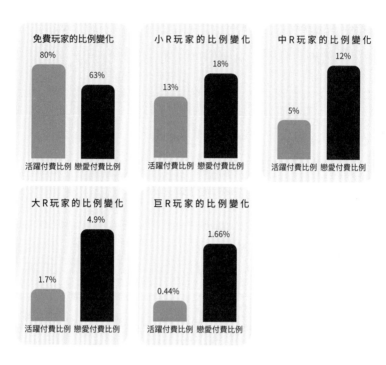

圖 4-1

注：活躍付費比例的統計時間為2017年4月13日；戀愛付費比例的統計時間為2017年4月；由於四捨五入和統計需要，各數據之和可能不等於100%。

　　《槍神》團隊再次詳細比對了在遊戲中戀愛前後玩家的活躍度變化（見圖 4-2、第 110 頁圖 4-3 和表

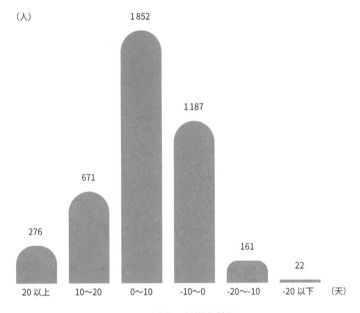

圖4-2 活躍天數變化情況

注：統計區間為玩家戀愛前後30天，統計時間為2017年4月；統計的基本單位為天，同一天登入兩次及以上記為一次。

4-2）：戀愛前玩家平均每月活躍天數為 11.90 天，戀愛後玩家平均活躍天數為 15.58 天，活躍天數平均增加 3.68 天，大部分玩家在遊戲中處於戀愛狀態後的活躍天數會增加，參與遊戲場次也顯著提升。

均值	3.68
中位數	2
眾數	0
標準差	9
峰度	0.46
偏態	0.36
最小值	−28
最大值	31
觀測樣本數	4169

表 4 − 2　活躍天數變化描述統計

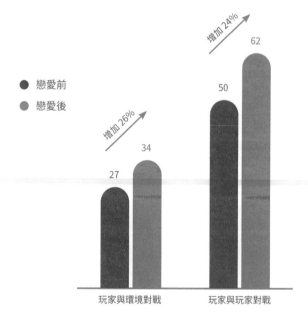

圖 4−3　戀愛前後玩家的遊戲模式平均場次變化

注：遊戲模式還包括聊天休閒，由於數量太少並不予以考慮。

利用和推動用戶之間形成親密關係並沒有好壞強弱之分，有的只是品牌根據不同情況進行結合。而且，許多企業在實際運用中並不是僅僅採用其中一種，多是綜合運用。仍以《征途》為例，既有好友們一起進入遊戲組隊，也有玩家在遊戲中經過長時間的配合從而成為「兄弟」，以至於當遊戲大量導入親密關係後，許多玩家不惜飛到外地，當面邀請好友加入。

　　第三種是在品牌和用戶間模擬形成不同層面的親密關係。

　　在華為手機和百度貼吧的調查中，我們都看到了一種情形：用戶認為自己和品牌之間是家人的關係，甚至有的用戶認為自己為對方背負某種責任。

　　需要提及的是，運用親密關係的三種方式中，驅動力和爆發力最強勁的恰恰是第三種，也就是品牌和用戶形成親密關係。而這種親密關係，我常用一句拗口的話來形容：「在一對多之間模擬形成一對一的親密關係。」

　　讓每位用戶都認可他與品牌之間是非常親密的關係。品牌和用戶可以模擬形成的關係種類其實早有答案，如鄧巴教授所言，社群的核心是親戚，而不是朋友，因為現實生活中人們總是在努力模擬血緣關係、親

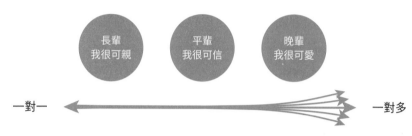

圖4－4　經營／運用親密關係

戚關係。反觀自己就更容易理解了，我們每個人在家庭中都扮演著三個角色（見圖4－4）：

> 一是長輩，我們或為人父母，或是叔叔阿姨……
> 二是平輩，我們有丈夫或妻子、兄弟姐妹……
> 三是晚輩，我們是子女、學生、子侄……

這三種親密關係是我們理解和抓住未來的關鍵，也是理解企業用戶關係經營、私域流量或其他演進的根本。

如果企業（或品牌）想和用戶模擬平輩之間的親密關係，它就像是一個可靠的兄弟——有什麼事情交給

我，你放心。因為平等，所以更追求信任。信任不可辜負。有信任在，用戶甚至願意無條件地提前將費用支付給企業，因此為企業留出了前置營運空間。一旦企業讓用戶在好友和圈子中丟掉信任分，或一旦信任崩塌，企業與用戶之間的關係也就一去不復返。

這體現了平輩關係中一個非常顯著的特點，即信任只能愈來愈強。例如，關係愈好愈要物美價廉：價格只能比別人低，不能比別人高；服務只能比別人好，不能比別人差。有一個案例非常具有代表性，我的朋友馬玉國創辦了一家聚焦老年人社區的公司，他和我討論業務發展時提到一個問題：如果用戶和品牌之間已經構建起信任，那麼商品定價可以略高，還是必須更低？針對這個問題，他也曾在調查時問過用戶，當時就被反問：「我們關係這麼好了，你還要賺我的錢？」

我將模擬平輩之間的親密關係用一句話來概括：「我很可信。」因為信任才有一切。

企業如果將自己置於晚輩的位置，在這種關係模擬下，用戶投入量最為驚人。還記得我們在第一章提到的百度貼吧的調查數據嗎？6%～12% 的粉絲願意為自

己支持的明星無上限付費，這個數據嚇到了第一次看報告的我。現在再翻回去看，一想到身為父母的我們在子女的教育和生活上的投入，就能理解了。在這類親密關係中，用戶就像在呵護和養成一家企業（或品牌），願意投入時間、金錢和資源陪著它一起成長。用戶從一件產品粗糙的想法到半成品，全程參與測試、提出意見和建議，若聽到他人批評，他甚至會毫不猶豫地維護說：「你沒看到它多努力嗎？」

我將模擬晚輩的親密關係用「我很可愛」來概括，因為長輩樂見晚輩的成長。

企業還可以扮演父母和長輩的角色，當晚輩（用戶）需要幫助時，長輩（企業）會毫不猶豫地伸出援手，生活中細心關愛晚輩，看過去的眼神滿滿都是愛。人們天生自然親近於幫助自己的人，當有企業（或品牌）無微不至地關心和照顧自己時，用戶會願意迅速轉化為它的超級用戶。

我用這樣一句話來形容模擬長輩的親密關係：「我很可親。」

不同關係模擬對應不同階段和特點的企業。通常，創辦多時的大品牌、產品品質和服務經得起考驗的傳統企業多站在平輩和長輩的角度推進用戶關係經營。新創公司多適合用戶從一開始就投入時間和精力陪伴，共同成長，明顯更適合走「我很可愛」的路線，模擬能讓「用戶視如己出」的晚輩角度的親密關係，這種關係甚至會讓企業獲得「新創特權」，即使偶爾犯錯，也會在用戶的保駕護航下順利過關。

「裂變六字」：
併、幫、殺、送、比、換

　　用戶分享正在偏重於親密關係，關係愈親密，擴散和轉換愈強。透過這些數據和案例，我們是不是可以認為新的社群網路增長模型也在孕育之中？我們先快速回顧一下過去幾輪社群紅利的驅動力，以便構建和理解今天的增長模型。

　　七麥數據統計了 2016～2018 年中國創業者在蘋果應用商店（AppStore）上發表新 App 數量的變化情況（見表 4－3）。三年間，新 App 發表數量不斷下降，2017 年的新 App 發表數量只有 2016 年的 69%，2018 年則進一步減少到只有 2016 年的 43%。

　　明顯的變化始於 2017 年 7 月，上半年還與 2016 年同期持平，一過 7 月，數量就陡然下降。正是這個月微信開始力推小程序，吸引了創業者的目光。

　　從某種角度看，小程序是協助創業者快速獲取用

年月	新 App 數量	年月	新 App 數量	年月	新 App 數量
2016/01	66,458	2017/01	89,756	2018/01	39,552
2016/02	55,241	2017/02	60,828	2018/02	34,361
2016/03	68,640	2017/03	68,955	2018/03	38,745
2016/04	76,071	2017/04	58,650	2018/04	36,653
2016/05	77,255	2017/05	60,030	2018/05	24,784
2016/06	81,041	2017/06	50,380	2018/06	32,134
2016/07	67,156	2017/07	42,539	2018/07	45,901
2016/08	6,599	2017/08	45,188	2018/08	34,113
2016/09	172,998	2017/09	38,997	2018/09	30,988
2016/10	85,843	2017/10	42,186	2018/10	29,034
2016/11	81,696	2017/11	38,655	2018/11	28,140
2016/12	85,585	2017/12	38,989	2018/12	28,140
2016 年總計	924,583	2017 年總計	635,153	2018 年總計	401,545

表 4 - 3　2016 ～ 2018 年新 App 數量

注：2018 年 12 月新 App 數量當時暫未統計出來，根據過去兩年數據的規律，12 月新增與 11 月持平，因此取 11 月數據為 12 月的估值。
資料來源：七麥數據，見實製作。

戶的有效方式。回顧 2017 年下半年至 2019 年年底的創業故事，都是短時間即獲數以百萬、千萬乃至億計的用戶。如「憶年相冊」四個月獲得千萬級用戶；「魔幻變變變」三個月吸引超過 2000 萬用戶；貓眼小程序三個月用戶數過億（2019 年春節期間，這家公司在香港上

市）；拼多多藉著小程序的風口快速獲客，順利在創辦三年後上市，市值一度超過京東；「海盜來了」推出第二個月營收就破億元，登上當時小遊戲收入榜第一……類似的發展速度在那段時間是常態。

　　IDG 資本（IDG Capital Partners）最早在 2018 年的一次產業大會上提到，和「連接」、「關係」相關聯的某些行為正被微信加持，例如「併」和「送」。這句話打開了一個觀察窗口，回顧那些幫助企業快速增長的社群玩法，大多可以被歸納為六個字：「併」、「幫」、「殺」、「送」、「比」、「換」。

　　「併」是併單的意思，許多用戶集體團購以獲得商家更優惠的折扣。中國電商有贊執行長白鴉曾連續幾年發布這個行為的參考數據：2018 年，有贊用戶一共完成了 2525 個併團訂單，實現銷售額 12 億元。 2020 年，併團銷售也超過 10 億元，可見「併」的受歡迎程度。借助這個玩法，不僅拼多多*快速崛起，社區團購這個行業也因此受益。

---

* 中國最大的農產品線上平臺，深耕農業，開創以併單為特色的農產品零售新模式。

「幫」是請好友幫助自己在產品購買過程中完成某項任務。例如，我在玩小遊戲「超級店鋪」時（它已經下架），如果想更快地獲取虛擬金幣，可以邀請好友來幫忙出任我的虛擬店鋪的「董事」；每年春節前後搶票時，一些搶票工具也會暗示用戶，想要快速搶到票，可以請好友為自己助力加油。

　　「殺」是殺價的意思。和併、幫很接近，也是用戶最愛使用的玩法之一。白鴉就曾提及，2020 年用戶在有贊使用殺價功能的次數超過 140 億次。而在拼多多興起的那段時間，許多群組中流傳這樣一個段子：一位男孩被分手後對女友放狠話，說等到再見面時一定讓她高攀不起，沒想到才過三天，男孩就在微信上找女孩說：親愛的，你在嗎？能幫我「殺」一下拼多多嗎？

　　有意思的是，殺這個行為在 2022 年為拼多多帶來一波較大的質疑聲浪，3 月，一位名為「超級小桀」的主播在直播中邀請數萬名網友直播參與「殺」一支手機都沒有成功，這一事件被業界廣為關注。雖然後來拼多多對此做出了解釋，但質疑聲浪並沒有減弱。

「送」曾在瑞幸咖啡行銷中被廣泛運用，送一得一（每成功邀請一位好友就可免費得一杯咖啡）、買三送三或買五送五（每買三杯或五杯咖啡就可免費再得三杯或五杯咖啡）等。在《小群效應》一書中，我們討論過微信讀書的增長故事，它也是充分利用送一得一、買一送一這樣的玩法。2018 年下半年快速崛起的小程序 Trytry，兩個月內吸引 1000 萬女性用戶，也是以免費贈送化妝品試用包為主要行銷手段。

　　「比」是炫耀、比較或比拚之意。排行榜現在幾乎是大多數產品和 App 的標配，也是騰訊旗下絕大部分產品的玩法標配，就是因為「人人都想做小池塘裡的大魚」。從微信早期開始，人們就在朋友圈樂此不疲地進行各種較量，而且小圈子的比拚和比較更令人心動。

　　「換」指互相交換。2018～2019 年小程序領域估值最高的團隊是「享物說」──2018 年年底估值一度高達 40 億元，它就是主打讓用戶之間交換二手閒置物品。

　　我們盡可能地簡述這些增長故事和背後的增長玩法，是因為這個產業實在變化太快。在某種程度上，裂變六字是社群六大驅動力的組合簡易用法。《小群效應》

一書重點闡述了能實現巨大增長的六大驅動力，它們被歸納為三句話：「事件驅動不如關係驅動，利益驅動不如榮譽驅動，興趣驅動不如地域驅動。」例如，利益驅動和關係驅動結合，構成併、殺、送、換，榮譽驅動濃縮為比，都是用戶和好友之間某種互動的縮寫。

十年前的引爆故事

　　裂變六字是我們的現在（或者說，剛剛過去的昨夜）。這一幕和 2008 年年底、2009 年年初非常相似，當時開心網*搶占社群媒體最大的風頭，職場白領紛紛進入這個新平臺，一度促使騰訊、新浪、搜狐、網易等網站推出或計劃推出職場社群產品用以抗衡。那時微博正是內測階段的新浪社群產品的子功能之一（後來很快獨立出來，變成今天影響網際網路的超級平臺）。那麼我帶領大家回顧一下開心網當時有多兇猛。

　　它推出了一款名為「偷菜」的社群遊戲。在那段時間，到朋友帳號裡去「偷菜」是許多用戶最著迷的事情，甚至到了設定鬧鐘深夜爬起來偷菜的程度。開心網相繼還推出了「朋友買賣」、「搶車位」等社群小遊戲，

---

* 中國的社群網站，以內建開心農場（又名「偷菜」）聞名。

每次都會掀起用戶新增和活躍的高潮。這個玩法借鑒自 Facebook（臉書），後來騰訊 QQ 空間順勢推出「QQ 農場」，引發了一波社群媒體席捲更寬泛用戶群的浪潮，就像現在微信借助小程序、小遊戲囊括了許多不使用 App 的老年用戶一樣。今天再回顧這段過往，我們很容易理解：開心網搭建了一個好友間互動的場景，使用戶和好友們有了更多互動的機會，這才實現了自己在特定時間內的爆發式成長。

十年前如此，十年後也是如此。

裂變六字的行為都是方便用戶和好友互動，用以增強他們的親密關係。可以說，品牌或產品只是用戶和好友互動的媒介或由頭。

我總是建議，看看朋友之間還有哪些親密的互動行為可以挖掘，這一定會帶來新的爆發機會。在六大驅動力中，還有地域驅動、興趣驅動、事件驅動和關係驅動相互組合沒有提煉出可供裂變的字。

例如，社群營運者「剽悍一隻貓」曾和我討論這個問題。令人印象深刻的是，大部分體現排名的榜單或活動，這個團隊都會去努力爭奪第一。在增強關係密切

程度的約束條件下特別像一個新字——「爭」，即小團隊之間相互較量和比拚。今天年輕用戶更習慣爭，我在研究一個社群相關話題時，看了許多知名網路小說，其中很大機率會寫到一個場景：「學校」或「試煉」，主角和好友們組隊在競爭中不斷取勝前進，一個個關係緊密的「小隊」，面對一個個難題，爭奪一次次勝利。爭是關係驅動與事件驅動的新組合。

另一個字——「約」，受貓眼小程序*的啟發得出。2018 年開始，貓眼小程序一直處在頭部區域，牢牢占據著 25% 的額分。我曾多次前往這家公司和其高階主管探討，有一次也涉及這個話題。他們發現，看電影是一件地域性很強、關係很強的事情（家人或情侶之間相約一起看），並且都要從約這個動作開始。因此，圍繞約有不少文章可做。約是關係驅動與事件驅動、地域驅動的新組合。類似更多這樣的提煉會在社群生態中爆發強大的威力。

---

* 為貓眼電影在微信推出供用戶瞭解電影資訊和網路購票的小程序，因搭配電影上映日期和不同節日的行銷玩法，例如電影超級日、暑假專場等，收獲現象級流量。

兩個被驗證的引爆模型

　　回顧這些行動，又不得不再度提及 2013 年起的社群爆款現象，許多相似的特點也能在那段歷史中看到。那時以瘋狂猜圖、飛機射擊、圍住神經貓、魔漫相機、臉萌、足記*等為代表的產品幾乎一進入社群網路就即時引爆，如魔漫相機單日觸發下載 App 用戶數量達 300 萬，臉萌單日觸發下載 App 用戶數量超過 500 萬。小程序頭部團隊所實現的用戶增速，幾乎是這些 App 的翻版。這兩個相隔四五年爆款迭出的階段表現出相似之處：在一條產業細分的賽道中，最大的創業企畫會拿走近 90% 的市場額分，將追隨者遠遠甩開。

　　必須強調的是，不是10%的頭部創業團隊占據 90%的市場占有率，而是在細分的領域內，一家就占據大約

---

* 瘋狂猜圖、飛機射擊、圍住神經貓為手機小遊戲；魔漫相機、臉萌、足記為創作創意照片或圖片、使用圖像和好友互動的社群 App。

90% 的市場占有率。我習慣稱之為「一九法則」。

但領先者必須不斷創新，一旦後來者在更豐富的娛樂性或更簡單的操作上超越領先者，將獲得更快的成長速度。

兩個不同階段的差別只在引爆動力上，2013 年促發產品即時引爆的動力和今天乃至未來一段時間促發引爆的動力截然不同。

當時企業只需滿足用戶的兩個基礎訴求，即可引爆市場：第一個訴求是分享動力，大部分聚焦在「維繫和好友們的關係、表達某種訴求、塑造自己想要塑造的某種形象」這三點；第二個訴求是點擊動力，用戶具有強烈的「共鳴、好奇和想學」的需求。兩大訴求互相組合，催生了一個又一個引爆產品、事件。這是出現在《即時引爆》中的引爆模型（病毒循環）。迄今為止，仍在強而有力地發揮作用。

第一種社群引爆模型出自《即時引爆》（見圖 4-5）。以圍住神經貓為例，吸引人們點擊的原因是「好奇」（你在玩什麼），促發分享的原因是「塑造形象」（戰勝了全國百分之九十幾的用戶）。臉萌吸引人們點擊的原因或許是好玩和「想學」（怎麼快速做一張好玩的

萌圖），分享動力來自「關係」（幫你愛的人做一張臉萌吧）。甚至就連《即時引爆》在當時熱銷，也是源於一篇文章──〈下標題這件小事，是如何深刻地影響引爆微信這件大事的〉，點擊動力來自想學（怎麼做到），分享原因部分和塑造形象有關（我在關注新事物）。

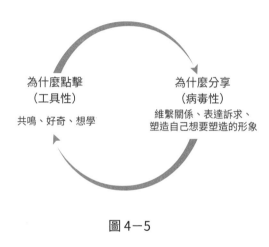

圖4－5

再回顧花粉和百度貼吧的案例，甚至回看《小群效應》一書中提及的「Facebook 出征事件」，會看到另一個問題的答案：在小群時代，小群體究竟是怎麼引爆大事件的？

大部分社群擴散模型是第二種社群引爆模型，如圖 4－6 所示。

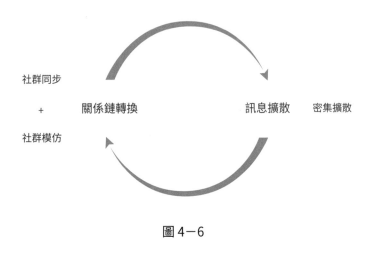

圖 4－6

所謂密集擴散，是指目標用戶群在同一時間內分享、推薦相似資訊。例如榮耀 3C 第一次發布時，花粉們密集地在社群媒體上推薦，幫助這款手機實現了首次市場爆發。還有 2019 年春節，大家密集討論《流浪地球》，幫助這部中國國產科幻電影在當年拿下 46.81 億元的票房。

第二種社群引爆模型顯示，密集度是一個非常值得關注的日常營運數據。我平時就十分留意，每次訪談用戶，總是詢問對方有多少好友同時關注見實公眾號。背後原因是我觀察到粉絲有時未閱讀文章，但隨著好友間討論和分享，又會不斷被吸引回來。2022 年年初，我們團隊在系統性地分析見實的營運數據時，看到了密集度帶來的結果：**在高密集度的粉絲群體中，閱讀率至少是非密集粉絲群體的五到十倍。**

這個數據和超級用戶的瀏覽、銷售貢獻比類似，在付費參與的大會或實體活動報名中，轉換率相對較高。可以說，目標群體的密集覆蓋是超級用戶更快、更多地浮現的基礎。而在微信公眾號中，密集群體的瀏覽行為會推動「常瀏覽用戶」這個數據持續走高。

我曾和社群文創平臺 Soul 的執行長張璐討論她創辦 Soul 的成長過程，發現她也很在意密集度指標，即某些手機型號下載 Soul 的涵蓋度、某一年齡層中用戶使用 Soul 的比例和好友數等數據。密集度會使新用戶加入產品後更容易留存，也容易在其流失後被好友召回。

當群體密集分享擴散，資訊密集進入用戶圈子時，我們會看到另一個現象，那就是社群同步和社群模仿，即如果好友們也看了這本書或電影、購買了某件商品或參與了某個話題，我多半也會跟著參與。這是因為相似人群所形成的社會壓力和從眾心理，會促使人們在一個小社群中被間接影響。

這個結論在第三章電商網站銷售手機的關係導入測試中，也得以確立。

抖音建立私域的基礎甚至也和密集度緊密相關。2021 年 7 月，這個超級平臺向業界介紹說，他們在私域的範疇內將粉絲的成長階段分為「路人粉」、「好感粉」和「真愛粉」，引導企業針對用戶所處的不同階段製定個性化營運策略，最終目的是不斷提升真愛粉的整體占比。真愛粉則可以成為廣告推廣的參照群體，繼而觸及更多目標用戶。這和我們現在討論的密集度的作用幾乎一致。

密集擴散形成社群同步，社群同步促發密集擴散，便形成第二種社群引爆模型。

不論是裂變六字還是兩大社交引爆模型，都在推動用戶和不同關係的好友增強互動，例如弱關係適合第一種社群引爆模型，強關係適合第二種社群引爆模型。和第一種社群引爆模型引發快速引爆又快速衰退這一特性不同，第二種社群引爆模型和收入變現、訂單轉換等企業最關心的結果密切相關。

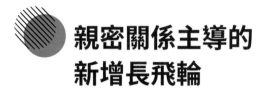

親密關係主導的
新增長飛輪

　　親密關係的導入推動第二種社群引爆模型不斷進化，並得以發揮更強勁的作用。因為超級用戶總是那麼慷慨，給予長期支持。我們再度回顧一下超級用戶曾發揮強而有力的作用的要點。

- 密集分享。明星的粉絲中，超過 60% 願意配合官方宣傳，超過 30% 願意自發性舉辦粉絲聚會；華為手機的粉絲中，93.37% 在社群媒體上發布和分享過包括廣告影片、海報和評測結果等在內的產品資訊。
- 小圈子中的密集轉換。明星的粉絲中，近 30% 會發起團購產品；華為手機的粉絲中，98.54% 曾向親友推薦，並且有成功轉介紹超過 50 支手機的用戶。

- 親密關係。認為自己和明星、其他吧友是「家人」。
- 好作品或高品質。用戶為這些好東西而自豪，企業要做到的不僅僅是滿足用戶的需求，還要不斷超越用戶的預期。
- 參與即欣喜。用戶認為自己的想法能被體現在產品或服務的新迭代中、能參與到活動中就很欣喜，願意積極主動地投入時間和精力，乃至資源。
- 有長遠的目標，有共同的追求。

這些特質正在組合形成新的社群引爆模型，也是正在發揮強作用的第三種社群引爆模型，我更願意稱它為新增長飛輪（見圖4-7）。從某種程度上看，新增長飛輪建立在第二種社群引爆模型的基礎上，尤其是密集擴散和社群同步、社群模仿兩大基礎，只是帶來增長的根本動力切換成了三種親密關係中的不同特質。更重要的是，親密關係推動形成的新增長飛輪，不僅會帶來強力且密集的分享、超強轉換和轉介紹，還會形成強力黏著回購，並吸引用戶長期持續支持。

後續章節我們要完成的任務就是拆解新增長飛輪的種種構成，以弄清三種親密關係是如何幫助企業實現快速增長、品牌和企業應該如何構建自己的關係體系以獲取更多超級用戶，以及不同類型的親密關係和其伴生的特別現象是如何幫助企業理解新社群浪潮並充分參與製定和運用新流量規則的。

　　需要說明的是，本書在描述不同親密關係時只選取了其中一個或數個顯性要點展開。在實際生活中，還有許多要點值得我們推演和運用。相信那些即將出現在你的團隊中的擴展思考和討論，同樣會帶來很大的啟發。

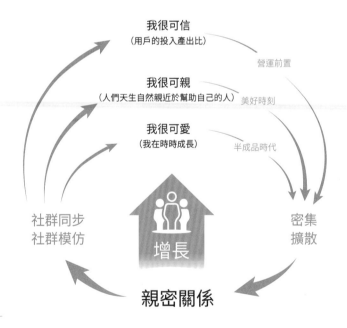

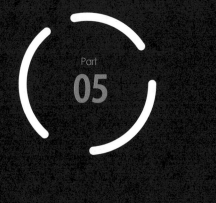

第一種親密關係：
我很可信

這是企業推進關係管理時採用最多也忽略最多的親密關係
類型。通常用戶要求企業提供超高 CP 值的產品和優質的服
務。然而一旦信任崩塌，用戶和企業之間的關係也就一去
不復返。

超級盟主與起點大神

我們要回到 2018 年的起點中文網（閱文集團旗下網站）。從 2017 年開始，起點中文網調整了營運策略，將社群媒體、社群經營的特性導入網路小說營運，這促使盟主大量湧現。

2018 年 6 月 1 日，《贅婿》的作者「憤怒的香蕉」在起點中文網更新了一個單章〈瘋子們，狂歡結束啦！〉，在剛剛結束的 5 月，《贅婿》書友共投下超過 18 萬張月票，助推這部網路小說成為起點月票榜（原創風雲榜）第一。新發布的單章就是藉回顧爭奪榜單這一過程來感謝粉絲。

月票榜是網路小說界的影響力榜單。在起點中文網的規則設計中，付費（訂閱或打賞*）是書友取得月票的唯一途徑，並且需要付費超過一定金額。他們可以將

---

* 即贊助之意，類似於臺灣在影音平臺的「抖內」動作。

這些月票投給自己喜愛的作品，因此，月票榜排名意味著每部網路小說閱讀者的喜愛程度、付費意願和付費群體的大小。

憤怒的香蕉在〈瘋子們，狂歡結束啦！〉中這樣回顧：

> 從 4 月開始書友們就在討論如何爭奪榜首，群組裡的書友們商量之後，決定要打賞（出）30 多個盟主，壯壯聲勢。這是唯一有爭榜經驗的「煙灰」提議的。然後湊了點錢發月票包，就像大家看到的那樣（月票包的作用到）5 月 1 日當天就用完了，群組裡的人心想（爭月票榜第一）事情要不行了……但後來大家看到，盟主、大盟（主）層出不窮，不知道從哪裡來的新讀者們訂閱了全部內容並投了月票，說是補償以前欠款之類……外頭的書友們慢慢浮現出來。
>
> 書友群組從頭到尾一直處在哀嚎的狀態，能盡全力的朋友都在竭盡全力，大家投了票還拚命出去打廣告。新來的書友也都在幫忙，而且就我所見，（新書友）還在陸續出現。

文中提及的「盟主」指的是打賞超過一定金額的超級用戶。在起點中文網，黃金盟主指一次性打賞超過10萬元的書友，白銀盟主指一次性打賞超過1萬元的書友，盟主指累計打賞超過1000元的書友。通常黃金盟主和白銀盟主被作者們統稱為大盟主。

單章的內容較長，從中可見一些關鍵資訊：

- 書友們做出了巨大的貢獻，爭奪榜首的全部過程多由書友自發性策劃、舉行，不斷擴散和轉化，幾乎承擔一切。最後幫助《贅婿》新增了142位盟主（包括部分白銀盟主）。

- 一起做件大事的「事件驅動」發揮了巨大的價值。在單章的最後，憤怒的香蕉說：「我想所有書友參加這次活動的心情都類似：我喜歡這本書，我們要一起搞事情，希望看到大家站在一起、都在認可自己認可的東西。」一起做成一件事情的訴求推動書友們自動自發地投入。

- 書友和作者之間形成親密關係。憤怒的香蕉在單章中將書友稱為股東，如果我們多觀察作者和書友們之間的互動，就能看到一些暱稱，比

如《牧神記》的作者「宅豬」被書友們直接喚作「豬」，《大王饒命》的作者「會說話的肘子」被書友們稱為「肘子」，《永夜君王》的作者「煙雨江南」被書友們稱為「煙大」。

- 競爭帶來動力（榮譽驅動）。憤怒的香蕉提到了另一部網路小說《牧神記》所帶來的競爭壓力。《牧神記》是前一個月的月票榜第一，本月展開衛冕戰，並在前半個月的爭奪戰中領先。儘管這些競爭壓力被輕描淡寫，但能被作為標竿存在，已經說明壓力本身。

書友之間更激烈的競爭還不是出現在這兩部網路小說之間，而是在《牧神記》和《大王饒命》之間。為了爭奪 3 月和 4 月的月票榜第一，兩部網路小說的書友們在競爭之餘甚至產生了摩擦，導致兩位作者不得不分別發表單篇文章專門解釋此事，或聲討或道歉解釋。

參照起點中文網的數據，可以說《贅婿》、《牧神記》、《大王饒命》三部網路小說都是足夠封神之作，它們的書友數量非常接近。下頁表 5－1 是 2018 年 5 月底統計的三部小說的階段數據，2018 年 3～5 月，這三

部網路小說分別處於月票榜榜首。《大王饒命》為 2018 年 3 月月票榜第一，書友們投下了 13 萬張月票；《牧神記》為 4 月月票榜第一，書友們投下了 17 萬張月票；《贅婿》則在 5 月成就第一，獲得了 18 萬張月票。

	《大王饒命》	《牧神記》	《贅婿》
黃金盟主	2	1	
白銀盟主	12	13	13
盟主	255	265	236
月票榜名次	3 月第一	4 月第一	5 月第一
當月票數	13 萬張	17 萬張	18 萬張
影響金額	260 萬元	340 萬元	360 萬元

表 5–1

我們選擇觀察打賞用戶的構成正是因為想瞭解忠誠度。在起點中文網，投出一張月票意味著付費用戶在比較了多部網路小說之後挑選了一部長期跟隨。月票數，即意味著每月實際而龐大的打賞金額。

根據各類盟主數量計算打賞金額並不準確，實際金額遠高於此。以《贅婿》為例，表 5–1 顯示這部小說沒有黃金盟主（一次性打賞超過 10 萬元的書友），但查

詢數據後發現有一位白銀盟主持續打賞，累計早就超過了黃金盟主的門檻金額。2018 年 5 月 28 日，憤怒的香蕉還專門為此發表單章感謝，後來，這位白銀盟主的名字又多次出現在衝榜成功後的答謝單章中。同樣，《大王饒命》也有一位白銀盟主的打賞金額累計超過黃金盟主。

盟主打賞構成單部網路小說整體打賞金額的 80%～90%。更重要的是，這些月票背後所影響的金額，我們已知消費 10～30 元才會擁有一張月票。以中間值 20 元作為一張月票帶來的金額計算，一部網路小說所獲月票數在一個月內影響了 260 萬～360 萬元付費金額。

在起點中文網，盟主數量從 2017 年年底開始大量增加。過去，起點中文網採取傳統的營運模式，儘管也強調問答、和讀者互動等營運策略，以此培養死忠粉絲、提升用戶忠誠度，但基本可以理解為沉默的單人閱讀占據了絕大部分時間。2017 年年底開始，部分網路小說營運導入社群新策略，邀約讀者在社群中共同閱讀、一起互動和推薦作品等。

就這麼一個小小的改變，起點中文網從過去一部小

說通常只有 10～40 個盟主，躍升到上述三部小說各自盟主數都超過 230 個，半年時間至少躍升六倍。起點中文網創辦於 2002 年，2002～2017 年只誕生了 18 個黃金盟主，社群化營運半年內即新增五個黃金盟主。《大王饒命》的兩個黃金盟主都是在這段時間出現。有鑑於此，更多作者對書友的社群營運也提出了需求，作者們希望書友從單純的閱讀變成參與度更高的用戶，甚至變成盟主、變成打賞的超級用戶。

此外，僅這幾部小說涵蓋的書友中，正版付費和消費人數增長了三四倍，大量用戶從看盜版轉變成正版付費。例如我們在《贅婿》答謝單章中就看到這樣的話語：「盟主、大盟（主）層出不窮，不知道從哪裡來的新讀者，訂閱了全部內容並投了月票，說是補償以前的欠款之類的。」

單獨比較版稅和付費訂閱，可見書友打賞為起點大神（知名網路作家）帶來了更高的收入。而在半年內，盟主打賞迅速增長至此，可以預見實際數字和比例還會繼續提升。盟主直接付費打賞將會成為繼付費閱讀、IP（知識產權）收入後又一大收入來源。必須強調的是，

鑑於作家收入在起點中文網是保密的，我們僅是依靠月票數據估算，並不代表真實數據。

到 2018 年年底，我們再度刷新數據時看到一些變化。2018 年年底，《牧神記》作者宅豬在起點中文網公開年度收入時這樣說：閱文集團給出的每月稿費收入，除 1 月、2 月稍低，12 月未知（公布收入時該月收入數據還沒結算），其他月分，每個月稿費都在六七十萬元，其中 3 月收入最高，達 81 萬元。

這些盟主不僅持續給出高額打賞、新章節一出紛紛參與評論和推薦，還在爭奪榜單過程中為自己喜愛的作者出謀劃策、四處宣傳和拉票，這些都是最典型的超級用戶特徵。

那麼，這些盟主（超級用戶）是怎麼形成的？

在這些風格各異的網路小說日更中，經常能看到作者在章節底部答謝粉絲打賞、祝賀某些盟主生日快樂、主動和粉絲們聊起最近參加了什麼會議或寫作培訓班、自己生活中碰到什麼困難，等等。起點中文網在粉絲營運中也鼓勵作者和書友們適度交流（太頻繁了會影響寫作）。

只是這些做法，包括在憤怒的香蕉發表的單章中看到的資訊，顯然不足以回答上面那個問題。同樣地，衝榜期間不同小說的書友們相互競爭也不足以解釋。當然競爭能增強書友的凝聚力，提升活躍度，但無法解釋半年內超級用戶大量出現，甚至從盜版用戶變成超級用戶背後的原因。

　　有一天，我加入《牧神記》書友群組想看看這些粉絲是如何維護和經營社群的。一進去，立刻有群主過來確認身分：你是不是宅豬的粉絲？

　　我回答是，說自己非常喜歡《牧神記》，它在《人道至尊》的基礎上提升太多了。

　　群主又說：那你證明一下！

　　我趕緊登錄起點帳號，截圖了一個打賞證明。在群組裡，我找到幾位群友小聊，他們大多是年輕人，其中一位正好是打賞 1000 元以上的盟主，他還是大二學生。

　　在起點中文網，年輕人是盟主群中的最大構成。曾經我認為，書友數量多，浮現出的盟主會更多。起點中文網否認了這個觀點，他們看到的真實情況是：**書友中年輕人愈多，盟主數量愈多**。被遊戲付費重度熏陶過

的年輕人，小額付費的意願更強，也更願意為好內容付費。

尤其是在今天，當書友處於社群形態中，付費打賞反而變成用戶表明自己身分最簡單、最直接的方式：用戶透過打賞告訴他人，自己是某位作者的死忠粉絲。就如我在群組中表明身分的方式一樣，當下，用戶標記自己身分的方式變了。

類似的現象在網紅經濟、直播短影音等領域最常見，現在起點中文網透過加強社群營運，也將這個紅利落到優秀作者的口袋中。例如《牧神記》和《大王饒命》的書友以年輕人為主，《大王饒命》的盟主們普遍為 1990 年、2000 年後出生的年輕人，熟悉直播、遊戲等線上消費，打賞頻率高，因此推動這本書在 2018 年上半年登上月票榜榜首，評論總數是第二名的兩倍多，平均訂閱和追蹤訂閱數值創下網文歷史新高，用戶黏著度和轉換率也排名第一。

我接著問那位大二學生，他為什麼打賞《牧神記》，他的回答很直接：**因為喜歡，因為這部小說寫得非常好**。同樣的問題，我和起點中文網的工作人員討論

時，也被如此回覆和強調：**內容優秀程度對打賞金額和人數影響很大。**

　　只有在內容優秀的前提下，社群化、作者和書友的適度溝通才會變成書友和作者的連接口，讓平時少有關係甚至沒有關係的書友變成超級用戶。當這個基礎奠定完成，「爭奪榜單第一」這個目標和事件才會讓鬆散的書友們凝聚成團並爆發巨大的威力。內容對死忠粉絲、超級用戶、書友打賞等產生的影響在《大王饒命》和《贅婿》上顯現得更為突出。憤怒的香蕉在單章中記錄說：「在爭榜的整個過程裡，幾乎所有大盟（主）、超多書友都在叮囑我，**千萬慢一點，不要辜負了這本書。**而往往沒有訂閱的（書友）一直在嚷著加快加快。我想，正是大家真正認同了這本書的品質而不是更新（速度），他們才選擇成為大盟（主），選擇一直跟進。」

　　截至 2018 年 6 月 1 日，從 2011 年 11 月開始連載的這部小說，用了近七年時間才更新到第 868 章，一度一個月只更新兩三章。但《贅婿》的書友們仍然不離不棄，盟主總數毫不遜色，並能在 2018 年 4 月占據月票榜第一的位置，原因就是優質的內容。相比之下，《牧

神記》連載一年已有 737 章，作者堪稱勞動模範——當然是又快又好的勞動模範。

《大王饒命》更是一個讓起點中文網內部都有些驚訝的作品。作者會說話的肘子的前兩部作品《英雄聯盟之災變時代》、《我是大玩家》都是萬人以上的訂閱，《大王饒命》從 2017 年 8 月開始連載，10 月正式上架（正式上架前均為免費章節，只有上架後章節內容才開始正式收費）。當月這部小說沒有進攻月票榜就已吸引 3.1 萬張月票，排名榜位列第十，次月上升到了第四。2017 年 12 月，書友們第一次幫助這部網路小說進攻月票榜就直接拿下第一，順帶還將訂閱人數從 2 萬拉升到 4 萬多。

下頁表 5−2 是《大王饒命》上架幾個月內所獲月票數和月票榜排名。起點中文網形容這部作品是「一個在 2018 年 4 月才剛剛簽下起點大神約的作者，一直在月票榜上和最頂尖的白金約作者展開競爭」。

在起點中文網，白金約是等級最高的合約，意味著推薦資源、IP 化、分潤等將全面側重於該作者，也意味著書友和平臺對作者的絕對認可。 2018 年 4 月，《牧神

時間	月票數	月票榜排名
2017 年 10 月	31,490	第十
2017 年 11 月	35,172	第四
2017 年 12 月	106,410	第一
2018 年 1 月	111,245	第一
2018 年 2 月	88,853	第二
2018 年 3 月	135,849	第一
2018 年 4 月	124,023	第二
2018 年 5 月	113,081	第三

表 5 - 2

記》的作者宅豬憑藉優秀的作品簽下白金約。大神約位居白金約之下，會說話的肘子也是在 4 月剛剛升級到大神約。

起點中文網在觀察年輕用戶內容消費的特點時發現，今天的年輕人更加自強獨立，相信平凡可以靠努力改變，也更喜歡非傳統的、生活化氣息濃厚的主角。在這一點上，《大王饒命》的內容非常符合年輕人的性格和喜好，更加次元化。符合群像特點的內容讓書友變成超級用戶。2018 年 11 月，《大王饒命》連載完結，即便少了一個月時間，仍以超過其他網文 20 萬張月票

的成績成為年度月票榜第一。而這個故事的起點在於開始：因為內容優質，從過去的作品一路追隨而來的書友直接讓新作品訂閱人數破萬，一個月後訂閱人數超過 2 萬，此後才有了接連不斷的榜單爭霸故事。

從截流在街頭
變成截流在床頭

　　我們再換一個產業觀察一下，去看看電商產業的社區團購。高榕資本的辦公地點距離我的公司辦公地點約900公尺。2019年元旦後的一個下午，我步行前往拜訪高榕資本董事總經理韓銳。在社群電商這條賽道上，最成熟的那個大果子——拼多多，就是這家基金培育的。拜訪的前一兩天，高榕資本還追加投資了一個社區團購項目。這次前去，就是想和韓銳一起討論他們對這個領域的觀察。

　　我們今天在業界投入大量的精力和資源探討微信，是因為快速、低成本又大量獲得新用戶這件事，已經從過去投放電視和紙媒廣告、搜尋引擎競價排名等管道穩定地遷移到了社群媒體上。許多網路公司紛紛組建關注用戶增長的部門，所用方法雖然發生了巨大的變化，但

歸根結柢，新方法都源於獲客方式的變化：從過去向管道購買用戶，變成了向用戶購買他和他的好友。

在這個策略下，變化最大且受益最大的是電商產業。如果進一步細分，會是一個龐大且專業的話題，因此這裡只簡單提及需要用到的背景。

業界嘗試在微信上賣貨做電商是從 2013～2014 年微商＊形態開始，當時最大的微商團隊一年營業額超100 億元。2015 年年底，我曾應邀前往該團隊的年會現場，那是深圳的一個體育館，現場幾乎坐滿，邀請來現場表演的嘉賓陣容不遜於一場全明星演唱會，給我留下了深刻的印象。儘管微商產業良莠不齊，卻成功教育了市場，相當於告訴創業者和投資人，利用用戶關係鏈來做電商這件事情可行。很快地，社交網絡又孕育了大V＊＊店、拼多多、有好東西等為代表的社群電商創業公司。

＊ 微商是從中國興起的電子商業型態，初期是指透過微信朋友圈分享、銷售產品的獲利方式，後續則泛指利用社群平臺大量批貨、賣貨的人。

＊＊ 中國對於在社群網路上擁有眾多粉絲、具有一定影響力的人的稱呼。

2017 年下半年，小程序成為創業新平臺後，電商和遊戲因盈利方式直接、商業模式簡明而成為投資熱門，很多團隊短時間內月營業額迅速越過千萬元乃至億元門檻。2018 年年初，社區團購浪潮掀起，高峰期一度有 2000 多家創業公司聚集在這一細分市場，核心玩法是用戶在所在社區建立群組，邀約鄰居一起團購採買商品。當然，到現在，社區團購已經分出高下，大批創業團隊倒閉，只留下了幾家頭部公司，而在我和韓銳聊天時，這個領域還是比較火熱的。

　　韓銳在觀察社區團購時，將電商發展以來的所有模式都納入一個模型。他認為零售的終局是：每個人擁有一個機器貓（哆啦 A 夢），要什麼有什麼，等候時間短暫。

　　但這樣的終局顯然不現實，真實情況是對立的（見圖 5—1）：商品既便宜又豐富，大賣場必然會開在偏遠的地方；商品足夠近但也因此不便宜、不豐富，就像開在路邊的便利商店。

　　我們在這個座標裡想像 C 端（消費者）最舒服的狀態肯定是待在右下角，所有東西送到手邊，支付極

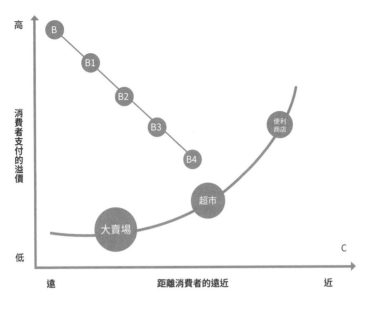

圖 5-1

低、甚至不支付的時間成本和溢價。

而 B 端（企業）最舒服的狀態肯定是希望出現在座標的左上角，產品下了生產線，消費者自己來拿，果子自己來摘，消費者為了成交需要付出時間成本和溢價。過去的集市其實就是這種狀態，每週一次，還得專門去趟縣城，東西也不便宜。

推演下去，當供給逐漸放開時，當賣方市場逐步轉向買方市場，只要有企業挪出起點，稍微往右下角挪一些（賣得便宜一點、距離離消費者近一點），消費者就會被截流，我們假定標記為 B1。所以對於 B 端來說，就會不斷地往前去繞，這樣就有了 B2、B3、B4 等等。

消費者為了購買既便宜又豐富的商品，願意前往距離較遠的大型超市。只是消費者在這個過程中會不斷被截流，截流消費者的就是便利商店，雖然便利商店的商品不夠多也不便宜，但勝在離消費者足夠近。

為了不被截流，企業只能不斷向消費者靠攏，直到成本和效率這兩個限制再也承受不住才會停下。社區團購就像企業向消費者靠攏過程中的最新落腳點。

而且，當微信變成一個大工具、大平臺後，從業者看到了更令人興奮的地方：企業有機會直接連接消費者。

也就是說，消費者躺在床上就可以直接下單，對企業而言，爭奪消費者的戰鬥在開始時就已經結束。韓銳認為，電商業型態從原來單一空間上的截流變成了時間上的截流。他將這個變化形容為：**從截流在街頭變成截流在床頭。**

聊完這個讓人興奮的模型後，韓銳話鋒一轉，他認為社區團購最大的阻礙是產品力，很多創業公司深陷其中。什麼是產品力？

在社區團購模式中，用戶被鼓勵在社區建立群組（因此被稱為「團購主」）發起購買活動，就像上一章中說到的「併」。歸根結柢，相當於團購主在用關係幫助企業賣貨。一旦商品出現問題，就會危及團購主在群組中的人情和關係，甚至徹底被毀掉。這是一種不可逆的關係斷裂，沒人願意繼續在不可靠的鄰居那裡買東西。

人與人之間就像存在一個「信任帳戶」，每當提供了有價值的幫助、做出了獨到且正確的判斷、推薦了物美價廉的商品，朋友都會為兩人之間的信任帳戶加分。因此會被認為是更可靠、更值得信賴的人，在朋友中享有威望、受到尊敬。反之則會扣分──地位下滑和親密度降低，漸漸地被朋友們輕視。

商業世界從來就沒有離開過好商品、好服務、物美價廉、高 CP 值，要說有什麼不同，過去我們碰到不好的產品或服務時，多是私下抱怨幾聲，今天在強關係社群環境中，一個用戶不滿意就意味著一個小圈子不滿

意，甚至有可能發酵成更大的危機。在社群世界，也沒有離開過「用戶投入產出比」或「用戶成本收益帳」，用戶希望自己投入的時間和金錢愈來愈少，得到的產品或服務愈來愈好。

社區團購的關鍵表面上看是商品本身，也就是韓銳所說的產品力，實際上是產品能否幫助團購主承載並增強群組好友的信任。韓銳認為：「這是絕對的必要條件，在產品背後蘊含著團隊的供應鏈能力、資訊技術能力……體現到最後就是用戶在你這裡是不是能買到一個 CP 值很高的產品。不然就會去別處。」到最後，再專業和精妙的商業模型都離不開信任。

可以說，今天的社群網路提供了企業直接連接用戶的方式，這正是從過去微商到社群電商、今天私域流量、未來其他更多商業模式的基礎，但留存用戶、讓用戶長期回購，乃至轉介紹和推薦的根本則是建立和增強信任的產品力。

當時，同樣在推進社區團購計畫的農夫果園創辦人莊曉峰也和我提到了類似的現象：生活中，用戶對水果分級的概念十分模糊，認為看著差不多就行。以蘋果為例，假如用戶購買後發現其中有兩個略小，會認為團購

商家故意摻雜小的水果。雖然沒有投訴，但已直接轉身去了競爭對手那裡。

這導致社區團購特別強調原產地選品、高品質標準，力求以商品培育用戶的超強信任。受這個因素的影響，部分在這些方面表現出色的團隊的用戶回購率持續增加。

產品要承載用戶的信任，不僅要滿足用戶需求，還要超越其預期。只有做到這一點，用戶才會向親友大力推薦。而用戶的每一次推薦又能讓自己更可靠、更被信任，使其與親友間的關係更緊密。

信任帳戶只許加分，不可減分。

信任也分很多種，例如一家社區團購公司擴張初期迅速開發了 17 個城市，營運了一段時間後發現社區微信群組的黏著度不足，無法規模化複製，最後不得已又關停了這 17 個城市的業務。他們發現，這是因為外部團隊無法取得社區居民的信任。改用在地團隊推進微信群組服務後，因為有信任背書，方便面對面接觸，哪怕社群經營經驗不足，經過系統性培訓和指導，業績也能穩步增長。最後，這家公司確定了一個營運原則：「在地人做在地事。」

有趣的是，韓銳提到的產品力以及背後的信任卻在改寫其分享的機器貓模型。在他的模型中，消費者的「時間金錢交換率」是一個有趣的觀察指標，意思是，如果消費者時間充裕，就願意來回半個小時去往遠一些的大型超市，尋求更具 CP 值的商品，相當於支付時間換金錢；如果時間緊迫，則就近在便利商店購買，即使商品可能更貴，選擇也沒有那麼多。他用這個模型去看社區團購模式，發現履約成本*幾乎是電商型態中最低的——僅 0.3 元左右。

　　但當消費者進入私域狀態，也就是其新增品牌方的員工為好友，或者和品牌形成了親密關係時，信任足夠強，其回購次數會大幅增加，這時，機器貓模型會變成以回購為主的新客單經濟模型，即扣除獲客成本和履約成本後的淨利潤大幅增加。因為這兩個占比最大的成本項在大幅縮小，超長的用戶生命週期、回購次數反而成為基礎。這一點在過去只可想像，很難實現。

---

* 履約成本是指訂單從倉庫發放到用戶的過程中耗費的成本。

模擬平輩之間的親密關係

我們可能沒有意識到，在親密關係和超級用戶這個範疇內，企業推進關係管理時採用最多的就是平輩關係，即和用戶模擬成兄弟姐妹。

平輩之間，可靠和信任極其重要。在這個基礎上，儘管所謂兄弟之情沒有宣之於口，用戶一點也不用擔心自己被欺騙、被要比較高的價格、提供服務時不被重視，或者被區別對待。用戶可以放心推薦，並享受這種推薦給自己帶來的信任加分。一旦讓用戶在好友那裡和圈子中丟掉信任分，或一旦信任崩塌，用戶和企業之間的關係也就一去不復返。

這就特別像第一章中強調的：「產品先滿足需求，再超越預期。」

平輩之間的親密關係甚至無須模擬，因為大部分企業立命之本就是依賴好產品、好設計和優質服務本身，尤其是創辦多時的大品牌、產品品質和服務經得起考驗

的傳統企業。這是模擬平輩最多的原因，也是被忽略最多的原因。企業需要考慮的是，如何使服務優勢更突出。

我們反覆強調平輩之間的信任很重要，甚至用「超強信任」來形容，是因為建立在這種關係下的信任，對高轉換率和高回購率有直接的幫助。不論是網路小說，還是社區團購的生鮮購買或是其他，有超強信任在，不論是結合其他要素，還是構建新的商業營運出發點，都足夠成立。

後來我看了朱蕭木在 2021 年 10 月的公開演講，他是羅永浩的拍檔，兩人從研發推廣錘子手機到電子菸一路相互扶持，歷經坎坷，直到 2020 年 4 月 1 日開始直播帶貨才算站穩腳跟。借助這個企畫，羅永浩終於還清了營運手機創業計畫時欠下的巨款。在這次演講前後，「交個朋友」*已經在直播中推薦了 5000 多個品牌、超過 2.5 萬個產品，銷售額超過百億元。

---

* 羅永浩成立的直播間名稱。

朱蕭木回顧這個過程時說，只有一個詞貫徹始終，那就是「信任」。他們曾在直播中說錯價格，全場賠了上百萬元，也曾發布公告為瑕疵產品道歉並賠償，這些事情逐漸奠定了信任的基礎，到今天，哪怕羅永浩不再去直播間，照樣能賣得很好。只要做好「信任」，創業這件事情就能夠一直做下去。

超強信任催生前置營運

　　超強信任的另一個要點是，如何幫助企業搭建新的營運出發點。因為有信任在，用戶甚至願意無條件地提前將費用支付給企業，因此留出了前置營運空間。

　　前置營運是指用戶在一件事情剛啟動時就已經投下信任票，頗有一種「事件剛開始就已經成功結束」的感覺。這個商業現象的前提是品牌獲取了用戶的超強信任。

　　2019 年春節後，我和社區團購創業團隊「你我您」的董事長兼執行長劉凱交流時，聽他提到一個數據：用戶提前繳交訂金的訂製商品（工廠訂製）占總營收的5%。他們推測這個比例可自然提升到 30% 甚至更高，背後的關鍵正是商品的高標準贏得了用戶的信任。

　　高品質商品幾乎是建立超強信任的不二選擇，在信任基礎上，用戶愈來愈接受繳交訂金提前訂製這種形

式，前置營運（或稱營運前置）會變成產業基礎。

用戶可以接受提前多早時間交付訂金？「你我您」當時測試的結果是用戶願意等三四個月。

不過，信任也是一把殺傷力巨大的雙刃刀，並且最容易受傷的總是用戶。2021 年下半年，伴隨著網路教育產業大整頓，數家教育品牌消失，牽連無數家長損失預付的課程費。從任何角度看，無法退款都不是企業正常經營應該做的，更遑論在親密關係這個範疇內。

繼續討論前置營運，我們可以近距離觀察和思考另一個案例。2017 年 7 月，海爾在順逛＊上架銷售「雲熙1 代」洗衣機。一天時間賣出 16.7 萬臺。如果以慣常模式銷售，這一銷量預計要用一年時間才能達到。兩個月後，「雲熙 2 代」洗衣機上市，這次一天時間就賣出 25萬臺（見下頁表 5－3）。過去一年，如今一天，這個變化實在有點大。

＊ 海爾集團官方社群平臺 App，為用戶提供家電、家居服裝、百貨超市、生活服務、金融理財等商品和服務。

版本	上市日銷量 （萬臺）	價格 （元）	上市時間	總金額 （億元）
雲熙1代	16.7	2,699	2017年7月	4.5
雲熙2代	25	3,499	2017年9月	8.7
雲熙3代	5	6,999	2018年2月	3.5

表 5 - 3

　　順逛是海爾孵化*的新創團隊。三年前，我曾和潤米諮詢創辦人劉潤一起受邀造訪海爾，和海爾高層探討社群網路發展帶來的影響和變化，當時感覺到海爾對社群這一形態非常關注，只是不知道早在 2015 年 9 月海爾內部就已孵化順逛。 2017 年 1 月，海爾商城也被併入順逛團隊。

　　2018 年 5 月底，我再次前往青島和順逛的執行長宋寶愛討論順逛發展中的重大事件，宋寶愛提供了順逛所有的數據，協助我理解正在發生的變化。

　　順逛在當時吸引超過 90 萬用戶成為「微店主」。和其他社群領域新創公司一樣，用戶成為傳播和銷售的

* 意指企業提供資源和發展機會，培植新創團隊從草創時期走向商業模式較完善的公司。

核心。不同公司賦予了這些用戶不同的名稱,「微店主」即是順逛給予開店販售商品的用戶的稱謂。

在表5－4中,我們看到,由內部員工、送貨員等強關係群體構成的順逛關鍵群體貢獻了近50%的收入,即35億元。海爾員工做出24%的收入貢獻。這一點很容易理解:如果身邊有人在一家大公司工作,我們要採購這家公司的產品一定會請他幫忙建議,或者幫忙要個折扣。人人服務兵(海爾內部對物流和送貨員、售後服務等職務員工的稱呼)占微店主來源的16%,貢獻了25%左右的收入,在所有族群中貢獻最高。而且現在去海爾,隨處可見的「人單合一」標語會提醒我們海爾正在倡導的企業文化。宋寶愛說,人人服務兵在提供服務的過程中可以不斷地敲開用戶的大門,進入用戶家,因服務而獲得了相比其他職務更強的信任。

	人數占比 (%)	貢獻收入比例 (%)
海爾員工	21	24
人人服務兵 (物流、送貨員)	16	25
創業族群	15	15

表5－4

微店主中回購群體比例為 36%，其中 2% 貢獻了超過 60% 的收入。這些優秀的微店主在一年內平均幫助順逛售出 100 件商品，幫助銷售 300 件以上的超級微店主占比 1%，貢獻的銷售收入超過 40%（見圖 5－2）。

　　2015 年 9 月上線以來，微店主在當月達成銷售額 50 萬元，10 月達 500 萬元，11 月又增長到 4000 萬元，

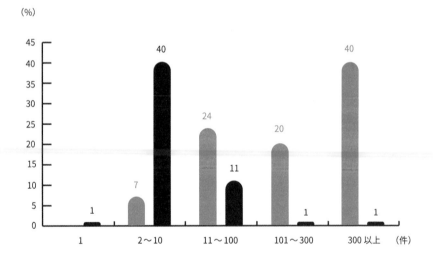

圖 5－2　順逛微店主族群比例及收入貢獻

我前去拜訪的那段時間，順逛最高月營收達 6 億元。

不過，海爾早在 2000 年便開始嘗試電子商務可不是一路坦途，並沒有如想像般美好。就連順逛微店第一個版本外包開發完成後，都沒有意識到要提交給應用商店上架。

順逛又怎麼在一天中賣出這麼多臺冰箱？冰箱又是典型的高價低頻率商品，消費者可不會經常更換冰箱，大多數人是在新房裝修後統一置辦大型家電。

宋寶愛回顧，雲熙系列洗衣機先透過順逛社群進行需求搜集整理再成立專案研發。市場調查時發現有些地區降雨量減少，加上消費者的環保意識愈來愈強烈，市場對洗衣機耗水量、耗電量、洗滌能力等有新的需求，因此開發了這款針對三四級市場的產品。而且要求用戶先行交付訂金。用戶願意等待新冰箱則受益於歷史：中國商業史一直記載著海爾從「砸冰箱」*開始到成長為家電巨頭，沒想到，基於品牌的信任能順延到社群網路。

---

* 海爾早期曾被用戶投訴買到表面有道劃痕的冰箱，比起回收用低價賣給內部員工，創辦人張瑞敏決定將該批 76 臺有瑕疵的冰箱全都砸毀，因而建立了「零缺陷」品質的形象。

在推廣中，順逛採用了一個前期推廣策略：雲熙系列洗衣機有一項非常「安靜」的技術來自紐西蘭研發中心。這是 2012 年 12 月海爾收購紐西蘭家電品牌菲雪品克（FISHER&PAYKEL），將其研發中心整合後的成果之一。不過，這項和聽覺相關的技術很難直觀地表達，因此順逛在一些實體店展示，在快速運轉的洗衣機上立一枚硬幣，一下子就讓用戶感受到了其安靜的優勢。我一直擔任中國多個廣告獎項的評委和決賽評委，在評審過程中曾看過這個影片，因此印象深刻。

幾次活動後，不僅海爾新品首次發表轉移到了順逛上，企業還要求先在社群中互動，搜集用戶痛點需求後再對應研發產品上市。同時，微店主和用戶可以參與的展示活動成為營運標配，例如後來發布冰箱新品時，就將新鮮的牛肉放入冰箱；發布空調新品時，想辦法讓微店主和用戶感知到空調吹出的清新濕潤的風。這些展示並不是新的市場手段，卻能很好地在社群中發酵。

可參與的活動繼而引領定價策略的變化。過去在充分競爭的家電市場，用戶習慣將同類產品進行比價。在「立硬幣」活動後，順逛驚喜地發現，用戶接受商品的

考慮因素從價格走向價值。經過前期互動並明確獲取用戶購買需求後，後方的估量定價可以更精準。

過去，企業推出家電新品，習慣向代理商層層壓貨，直到再也壓不下去為止，然後市場很長一段時間就在販售和消化舊型號庫存。

現在，透過前置各種可參與和感知的開放活動，有購買需求的用戶願意等待。產品仍在研發和生產過程中，品牌就已獲得許多潛在用戶。

在去青島之前，我一直將順逛定位為社群電商，而順逛更傾向於將自己定位為社群互動平臺。宋寶愛認為，社群互動是走入消費者心裡的過程。海爾追求終身用戶是因為無法讓用戶持續購買洗衣機和冰箱，但透過社群互動，可以讓用戶知道接下來可以期待什麼新品，甚至變成影響好友決策的那個人。這兩個定位完全不同。

前置營運的基礎無疑是企業和用戶之間形成的以超強信任為基礎的平輩親密關係。

躺贏時代

用戶一直希望用更低的成本（費用、腦力和時間）獲得更大的收益（愉悅感、優質的產品或服務），當兩端不斷演進，用戶投入產出比的極致就變成了「躺贏時代」。

華為手機為什麼能
超越小米手機

在前置營運現象中，手機產品是出現最多的大眾消費品之一。如果我們搜尋 2019 年年初華為和小米兩家手機廠商發售新機的報導，會看到每款機型都分別發售超過百萬支，時間大多在三四週，再往前一步就是「產品一推出即成功結束」。

這和產品特性有很大的關係。手機產品具有典型的「海鮮」屬性，一旦上市超過三個月沒有售罄，就會直接變成庫存，很難再賣掉。因此，兩家公司先後選擇了粉絲經營路線，可以說，是粉絲的熱愛幫助它們先後站上頒獎臺。

不過，為什麼向小米學習粉絲經營的華為反而後來居上，很快成為中國國產手機第一暢銷品牌，直到 2020年 5 月，華為在中美貿易爭端中受限加劇——這個問題

需要加一個時間限制。此後一段時間受到局勢影響的華為手機被迫讓出市場額分，出貨量跌出全球前五。小米則增長迅速，2021 年 6 月，小米手機銷量超過三星和蘋果，出貨量全球第一，成為全球第二大智慧型手機品牌。

幾乎十年前，小米就非常尊重用戶，粉絲提出需求或是發現漏洞後，小米工程師會迅速回應並修改，這在當時雖說不上絕無僅有，也可以說是極其罕見。因此聚攏和集結了無數死忠用戶，成為用於研究社群媒體和社群營運的典型案例。

答案其實藏在第一章的用戶問答中。華為手機的核心粉絲在回答「你為什麼要做華為手機的粉絲」這個問題時，80% 的回覆是「品質好」。若用一句話描述自己和華為手機之間的關係，經常出現的詞是「信賴、愈來愈好、質感、國貨推薦、品質」，幾乎字字透出「我很可信」。

粉絲們不知道的是，這些回答還間接披露了當時產業的幾大變化。

第一大變化是三星在中國手機市場的持續退步。三

星手機 2013 年在中國市場的占有率為 20%，五年後該數據已經跌到不足 1%。2019 年下半年，三星電子乾脆關閉了在中國的最後一家手機製造工廠。曾經銷量世界第一的三星手機在中國市場黯然退場，意味著留出了巨大的市場空白，而當時能在中高階市場接住類似價位需求的手機品牌只有蘋果和華為。

小米高階機直到 2020 年後才高歌猛進，2020 年 2 月小米發布高階機 10Pro，上市 55 秒內即銷售 2 億元，這也為此後再度逆轉成為全球第一立下功勞。

第二大變化是用戶環境調整。小米崛起時，中國如此尊重粉絲的品牌並不多見，加上受益於微博崛起。幾年後，從抖音到快手，從微博到微信朋友圈、公眾號，粉絲經營和社群營運幾乎成為大部分品牌的關注重點，尊重用戶已成為常態。這時，品牌在類似環境中如何突顯就成為新挑戰。

第三大變化是手機市場迅速進入了技術競爭階段。例如，我一直記得 2018 年 6 月 6 日華為手機發布了「很嚇人的技術」（GPUTurbo），華為高層在微博上用這個說法劇透時讓人眼前一亮。2019 年年底，我和一些

華為粉絲討論，他們特別提到該年度發布的印象深刻的新技術，如麒麟 990 處理器（5G 技術）及 7680 幀技術，配置了這些新技術的華為 Mate30Pro 機型在 2019 年 9 月發布後僅用了 60 天的時間出貨量就達 700 萬支，成為華為新「機皇」。 2014 年華為 Mate7 的銷量也是 700 萬支，但這款機型取得這一成績花費了 14 個月。

提到這些細節，我們就非常能理解後續章節中要提及的「榮光時刻」——粉絲們談論這些新技術時感覺臉上有光。對粉絲來說，領先的技術足夠讓人在向朋友介紹時給自己與品牌之間的信任帳戶加分。

技術積累需要時間，這並不是一蹴而就的事情。 2012 年華為曾採用海思 K3V2 處理器，當時這款處理器實際表現有待提升，但很多粉絲為了支持國產處理器仍然選擇購買華為手機。同樣地，麒麟處理器與高通旗艦處理器相比尚有差距，從 910 到 980，中間迭代了將近十代才是真正意義上地跟高通站在同一起跑線上，基本達到相同水準。尤其是 GPU（圖形處理器）部分，華為粉絲甚至私下流傳著一個說法——「爵士不玩遊戲」（Mate7 機型的口號為「爵士人生」），粉絲們用這句話

來調侃使用 Mate 系列無法順暢地玩大型遊戲。剛才提及的「很嚇人的技術」，就被粉絲們理解為是為了解決用戶玩遊戲的需求問題。

第四大變化是國潮*崛起。今天中國年輕用戶對優質國貨的訴求明顯更大，當技術競爭和國貨崛起潮流融合在一起時，用戶自豪感也更強。這就是用戶在回答為什麼是華為的粉絲時，頻繁提到「信賴」、「愈來愈好」、「質感」、「國貨推薦」「品質」等詞語的原因。

在這些變化的背後，我們看到的仍是同一個核心訴求，即用戶的投入產出比。用戶投入時間、費用等，獲得了優質的產品或服務，就像我們常說的物美價廉。

有意思的是，近幾年用戶投入一直處於下降狀態，希望獲得的收益卻持續上升。可以說，**用戶一直在追求用更少的時間和費用，獲得最佳的娛樂享受和產品體驗**。過去，我曾用「用戶成本收益帳」來表述。

---

* 意指將中國特定元素或傳統文化融入當下流行的元素並成為流行（例如使用國產品牌設備等）的潮流。

手機市場的變遷，恰恰讓我們看到了這些調整：當產業剛剛興起時，採用粉絲經營、將粉絲的意見和體驗感放在第一位的方式會贏得用戶的青睞。**但當曾經新穎的用戶營運方式變成眾多企業的標配時，用戶希望獲得的收益就陡然提升。**

　　觀察產業變化，無論是市場還是社群媒體，供應都在變得愈來愈豐富。那麼最值得琢磨的是，當用戶處於物質豐富的環境中，什麼都不缺時，他們最需要什麼？

　　在這個大背景下，我們才會看到，技術競爭、國潮崛起都是帶給用戶的額外收益。如果再細細觀察，用戶也會愈來愈追求企業和自己擁有相似的價值觀。或者說，價值觀是用戶能獲取的可觀收益之一。

推力和拉力

　　用戶投入產出比是觀察社群網路中無數引爆現象和社群營運變遷的角度之一。「我很可信」追求的是可靠和 CP 值，正是這個層面的再深入，它還能回答產業變遷的多個關鍵問題。例如，我和朋友們就曾探討：

- 新浪領導入口網站多年，為什麼騰訊仍能異軍突起摘得第一？
- 為什麼騰訊成為第一後，今日頭條又迅速崛起成為威脅騰訊的存在？

　　當時我們的結論是，這些產業變化正是由推力和拉力來決定。新浪是典型的拉力，它一直遵循著陳彤*提

---

* 曾任新浪執行副總，帶領新浪在入口網站、微博等方面的發展，現為小米科技副總裁。

倡的八字箴言——「快速、全面、準確、客觀」，就像一個大型超市用「價格低、貨品齊、服務好」為口號在街頭截流客戶一樣，拉著用戶輸入網址瀏覽新聞。在行動網路浪潮襲來之前，入口網站在重大活動中競爭（例如奧運、世界盃），多以誰最早發布產業重要新聞、發布多少組報導和照片、專訪了多少位嘉賓等數字決勝負。

騰訊加入入口網站競爭後，雖然也遵循這一邏輯，但它有一個殺手鐧是其他平臺沒有的，那就是 QQ 彈窗（彈出式視窗），即用戶登入 QQ 後會彈出一個迷你新聞頁，碰到重大事件時還會有彈窗隨時告知用戶。以至於後來行業中有個玩笑，即不管新浪、搜狐和網易如何強調自己的優勢，騰訊都以「我有 QQ 彈窗」來回應。其實，彈窗就像推力，將新聞主動推送到用戶面前，比用戶輸入網址打開網站便捷得多。

社群媒體在行動網路時代成為超級 App 後，主導了用戶的大部分時間，其中資訊獲取、社群電商等幾大類別直接受益於關係推薦——好友推薦商品和資訊，比用戶搜尋瀏覽或打開 App 更簡便，這是關係帶來的推力。

區別於工具推力和關係推力，今日頭條可被歸為演算法推力：用戶無須加任何好友，也不用擔心自己的瀏覽習慣被人詬病，演算法會根據瀏覽喜好持續推薦用戶想看的、喜歡看的內容。用戶瀏覽量愈大，推薦愈精準。演算法推力相對維繫關係來說更簡單。

推力戰勝拉力，關係推力又超越工具推力，到現在，演算法推力足夠和關係推力「比腕力」，一步步都是為讓用戶節省更多的時間。

當然，我們刻意簡化了許多因素和背景，不然這個討論話題的內容必然龐大到要用一本新書來展開。

順著這個脈絡，用戶投入產出比可以回答許多日常問題，例如觀察自媒體及內容變遷，優質專業、具有深度的內容不管何時進入，多半表現很好。

例如抖音美食類影音帳號「老飯骨」，其影片內容主要為幾位退休國宴大師教粉絲做菜，國宴大師從切菜開始就渾身是「戲」，用戶「收益」滿滿，它差不多只用了兩個月就成為抖音美食類頭部帳號之一（2019年年底，粉絲數量超過 500 萬）。專業內容能夠迅速培育用戶的信任，老飯骨發現，直播和影片本身就像推薦情

境，任何出現在鏡頭內的物品都會被用戶主動詢問，例如抽油煙機是什麼品牌、炒菜鍋和砧板在哪買。借助這些情境，老飯骨 15 天賣出 2000 個砧板，七天售出 600 臺斤花雕酒，甚至一次直播主題為燜米飯，直接賣完 7 噸大米。

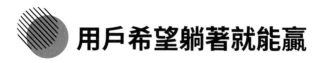

用戶希望躺著就能贏

在模擬平輩的親密關係這一底層需求中，用戶希望企業可靠、可以承載超強信任，也希望獲得更高的收益，這種收益不僅僅指物美價廉、優質服務本身，在當前環境中，這個問題會更多地指向供應充足的優質服務，也就是所有企業都開始無條件地「寵」著用戶。這時用戶投入產出比持續提升，會變成什麼樣？

2019 年年初發布的小遊戲《消滅病毒》占據了我很多時間，這款產品有很多值得記錄的地方，例如這是第一款微信創意小遊戲，這個遊戲團隊也是第一個連續兩款產品進入創意名單的團隊。同年年底微信小遊戲團隊公布數據，稱這款產品當年僅微信廣告分潤就獲得超過兩億元。深入體驗這款射擊類小遊戲，會發現它的玩法很輕鬆：如果我連續兩三次過不去某個關卡，遊戲就會自動給我一個機會，讓我體驗某種武器的滿級狀態，或者可能悄悄降低遊戲難度，以幫我輕鬆過關。簡單來

說，這款小遊戲的娛樂感和目標感控制得非常好，用戶一般不會產生無法晉級的焦慮。

這和其他類型遊戲的體驗大不相同。例如，騰訊旗下知名的《王者榮耀》，玩家勝率基本控制在 50% 左右。我用「程咬金」這個英雄角色參與了超過 6000 場排位賽，勝率是 50.4%，每當我連勝幾場，緊接著一定會連敗幾場。如果一直勝利，系統會判定我的戰力和技巧更高，幫我配對更強的對手，直到我失敗；如果一直失敗，系統就會配對更弱的對手，直到我贏。這種玩法一直以來被市場所驗證，用戶在有難度的挑戰中獲勝，所獲得的心流體驗最佳。

2019 年 5 月，我和《消滅病毒》的開發商藍飛互娛的營運長周巍聊起遊戲中玩家的感受。周巍認為，過去遊戲製作人習慣採用挑戰型遊戲設計思路，依據的基礎是用戶需要有起伏的心流體驗，但這個認知在當下環境中愈來愈不適用。現在是用戶躺贏打發時間的時代，玩家一旦受挫就流失的時間頻率愈來愈短。

心流是遊戲設計者經常提及的概念，常用來測量用戶體驗遊戲過程中的愉悅程度。通常，在有一定難度和挑戰的情況下，用戶經過努力能取得勝利並晉級，是心

流的最佳狀態，用戶也處於最愉悅的狀態。我曾在《小群效應》一書中詳細討論過「夠夠手的進階機制」，出發點就是這個。但在當下優質服務供應充沛、碎片化體驗的環境中，也導致用戶一遇挫折就會隨時流失，前往別處尋找自己需要的愉悅感。

沒有心流起伏？那應該是什麼樣子？

這讓我想起抖音、百度 App 影片頁和網路小說，這些都是過去我在研究「廉價娛樂」這個話題時必然提及的目標情境，結果使用這些產品反而變成了習慣。例如每次打開百度 App 影片頁，想的都是看一會兒就關掉，卻總是不知不覺地過了幾個小時，有時甚至通宵。網路小說更是如此，估計我一年內看網路小說的時間早已經是閱讀圖書的幾十倍。

在網路小說中，有一個「爽文流」非常受歡迎，占據了網路小說很大的比重，這類小說似乎都遵循著一個標準模式：小說主角總是處於不斷被人輕視欺侮的絕對劣勢，卻又因某種原因而擁有絕對優勢的能力。比如神帝重生在所謂「廢柴」或「贅婿」身上，軍中王者回到都市低調協助舊友處理疑難問題，豪門大少爺因和家族

發生嫌隙而獨自生活在都市底層⋯⋯但從第一章開始，主角以絕對優勢一路碾壓所有欺侮自己的對手，不論對手是某個有著優越感的普通人還是富豪家族、高官乃至種種不同級別的神仙和神帝，直到最後一章，這種差距甚至比諾貝爾獎得主和剛上幼稚園的小朋友之間的知識儲備量相差還要懸殊。

爽文流和過去讀者經常詬病的網路小說「金手指」不同，過去如果主角在故事情節中有無法逾越的難關，金手指總是會適時出現，主角神奇般地強行化解危難。讀者用金手指來評價作者在情節設計上的不合理。但爽文流不是，如果說金手指背景下的網路小說還有難題，主角還會經歷挫折，還需要作者不斷構思主角如何透過努力化解不可能完成的任務，爽文流幾乎就是主角以絕對優勢一路橫衝直撞而去，沒有任何對手可以與之抗衡。

和網路遊戲遵循「打怪、努力 PK、升級」的邏輯一樣，爽文流小說也有一個很有意思的邏輯──「裝低調、打臉」。主角在每一章中都刻意低調，但總是有對手跳出來無腦挑釁，最後也總是主角以絕對優勢、毫無

懸念地打敗對手結束，不論這個對手是何等厲害的人物。

有時，讀者甚至看著那些毫無理由的挑釁都覺得好笑，作者怎麼會設置這樣不可思議、簡單到不可能出現的場景？不過誰會在意呢，看著哈哈一笑就可以了。

微信讀書的統計數據顯示，這類爽文流網路小說每天的平均閱讀時長為 115 分鐘。相比之下，出版類圖書每天的平均閱讀時長僅為 38 分鐘，前者的受歡迎程度約為後者的三倍。我也經常在這種愉悅感中不知不覺地開心地看完整本網路小說。

「網路劇的情況也與此類似，一些題材特別受部分族群的歡迎。」我和網路影視公司奇樹有魚的創辦人董冠傑會面時，他提到，「一些女性用戶特別愛看『人人（包括各種霸道總裁）都喜歡我，又撩人又甜蜜』類型的網路劇，一些男性用戶則喜歡逆襲類型的網路劇，主角最好是出身草根，無意中身陷亂局，一路碾壓各路英豪直到稱雄，最後功成身退選擇回到小山村過寧靜的生活。這些題材使觀看者產生代入感，在看劇過程中享受快感。年輕用戶愈來愈不喜歡壓抑和挑戰性的題材。」

上述觀察和訪談給了我們一個參考，即用戶愈來愈不喜歡起伏的心流和難題挑戰，他們渴望更輕鬆的體驗，最好的狀態是：心流從一開始就直達最高點，貫穿到底。

用戶希望躺著就能贏。用最低的成本（腦力和時間，無須經歷挫折），一路從頭無懸念、無門檻地贏到最後，或者從頭開心到最後。我借鑑這些說法，將用戶投入產出比的極致形容為「躺贏時代」。

從這些描述看，似乎躺贏時代在驗證所謂的「奶頭娛樂」*理論？其實不是，反而在**要求企業和品牌在愈發簡便的使用體驗和低廉的費用背後提供更超值的服務**。讓用戶用最低的成本（還有比躺著更低的成本嗎）就能獲得自己想要的服務（還有比從一開始就贏到最後、贏得最大更優質的服務嗎）。

從這個角度看，我們在前文中提及的「從截流在街

---

*Tittytainment，來自英文「titty」和「entertainment」這兩個詞的組合，由美國前國家安全顧問布熱津斯基（Z. Brzezinski）創造，泛指能夠使人著迷和滿足、又低成本的低俗娛樂內容。

頭變成截流在床頭」，即用戶休息時只需簡單地操作手機，價格低廉、品質優良且豐富的商品就能配送到自家門口，兼具了「多、快、好、省」這四個原本存在衝突的服務訴求，也順應用戶躺贏的趨勢。

躺贏時代在不知不覺中已經到來，並且在改寫生活和商業。

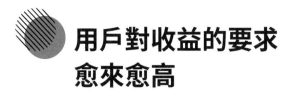

用戶對收益的要求
愈來愈高

　　用戶投入產出比（或說用戶成本收益帳）是從用戶的角度出發，而不是我們習慣思考的企業投入產出比。一方面，用戶明確希望支付成本更低，不管是時間還是腦力、金錢；另一方面，收益愈高愈好，不僅僅是簡單的 CP 值，愈來愈多的額外收益也被納入，包括那些讓人有代入感、讓用戶向好友介紹時臉上有光的新技術，以及相似的價值觀，等等。

　　2021 年 9 月，我在奇樹有魚創辦人董冠傑的微信朋友圈中看到，奇樹有魚出品的《奇門遁甲 2》在中國橫店開機。 2020 年，奇樹有魚從香港導演徐克手中購買版權後改編的網路電影《奇門遁甲》，在影音網站僅發布三個月就吸引了 1720 萬用戶付費觀看，分潤 5638 萬元，創下了截至那段時間，網路電影的最高分潤紀

錄。董冠傑說，就是因為這部作品在製作上遠遠超過觀眾預期。

董冠傑還談道，廉價娛樂有一個不容忽視的變化，早年網路電影中只要有龍、怪物等元素就一定有較高的播放量，然而近幾年，如果沒有好劇本（曲折且不斷反轉的好故事）、好演員和演技、好特效和製作，網路電影幾乎無法產生熱度。在這個變化中，用戶對成本的要求並沒有變化（電腦或手機上免費看網路電影），但對收益的要求已經提升數個等級，要超越用戶預期愈來愈難。

一個不可忽略的基礎是：**用戶有著自動選擇優質服務（優質內容）的能力**。因此，在收益方面超越用戶預期這件事一旦開始就不會停下來，例如再看看網路電影產業，原本許多不接網路電影劇本的知名演員、做傳統院線電影的從業者，現在開始重視並投身這個領域，投入的預算也在不斷提升。我們甚至可以預見，這個產業的後續變化就是大製作的網路電影不斷推出，分潤收入不斷破紀錄。

價值觀是最好的收益

前文所討論的華為和小米手機市場第一位置轉換的原因，及針對花粉的調查研究，都清晰地指向一點：用戶能獲取的最佳收益就是價值觀。

2021 年 7 月，中國河南省鄭州市接連降下暴雨，釀成了 292 人遇難的悲劇。許多企業迅速行動起來馳援鄭州。網友們在這一長串名單中發現，2020 年虧損 2.2 億元、2021 年第一季度還負債 6000 多萬元的服飾集團鴻星爾克也捐出了 5000 萬元物資，一下子被感動，紛紛前往鴻星爾克淘寶和抖音直播間及實體門市購買產品。

後來媒體跟進報導，發布了一些數據：「鴻星爾克品牌官方旗艦」抖音直播間 7 月 22～23 日兩天直播粉絲增加 832 萬人，銷售額達 1.1 億元；淘寶直播間粉絲增加超過 550 萬人；線下許多門市被搶購一空。一週後，鴻星爾克發布通知說，大量湧入的訂單導致公司系

統崩潰，各地倉庫售罄，主生產線超負荷運轉。

鴻星爾克沒讓用戶失望，用戶也沒有讓鴻星爾克在市場上失望。在今天充沛供應和充分競爭的市場中，用戶並不缺乏可選擇的商品，也不缺乏物美價廉、服務優質的品牌。鴻星爾克自身艱難的情況下仍堅持企業責任，讓用戶感受到了品牌所秉持的價值觀。雖說近年來國潮崛起是市場主流，但這種品牌價值觀所傳遞的精神價值對用戶來說更值得擁有。當用戶穿著這個品牌的鞋子和服飾時，其實也在驕傲地宣稱：這個品牌很可靠，很對我的胃口；我和可靠的人在一起。

價值觀直接讓用戶越過陌生的階段，加入主動購買和回購、主動推薦的群體，加入在社群媒體上、在關係中密集發聲支持的群體。增長飛輪的兩端幾乎在一瞬間就構建完成，並且已經啟動。

《岡仁波齊》的價值觀行銷

　　中國電影市場一直有「大小年」一說，用來區分市場表現好與不好的年分。2017年前後電影市場的表現就可以被歸入「小年」，數據顯示2016年中國電影市場全年收入為457億元，相比2015年僅增長3.7%；2017年（總票房為559億元），大部分曾被寄予厚望的商業大片表現平平，甚至嚴重虧損退場。如果不是2017年7月《戰狼2》屢創佳績，當年的市場票房總收入不會太好。

　　在這樣的環境中，2017年6月張楊執導的《岡仁波齊》登陸院線。這部像極了紀錄片的藝術電影在當時怎麼看都不像能大賣的樣子，甚至一位非常權威的業內人士看完試映後，對《岡仁波齊》出品方兼發行方天空之城的董事長路偉預測說，票房收入或許將落在200萬元左右。對應這個預測，院線直接給出了1.6%的排片比例。如果是這樣，這部電影的投資方勢必血本無歸。

當然，現在市場已經給出答案，貓眼電影提供的數據顯示，總計 7 萬多人給《岡仁波齊》評分，得分為 8.8 分，累計票房破億元。

我在 2018 年 5 月曾拜訪路偉，他回頭檢視該影片的宣傳發布過程時提到的實際核心數據比想像中簡單。路偉說，這個結果其實是 400 個超級用戶和 1000 場包場帶來的。

幾部由路偉參與發行並取得良好成績的電影，例如《西遊之大聖歸來》、《喜馬拉雅天梯》、《岡仁波齊》，都採取了同樣的發行策略——群眾募資。對商業大片來說，這個策略沒有什麼用，但對於小眾電影，群眾募資可以提供根本性的幫助。一共有 400 個用戶參與了《岡仁波齊》的募資。

路偉回顧，首先當然是包場和因此提升的排片比例。2017 年 6 月，我幾乎被這部電影相關的討論包圍，包括新東方創辦人俞敏洪、高瓴資本創辦人張磊等在內的許多公司高層紛紛包場邀請好友或員工看這部電影。上映之初，這些關鍵人物至少發起了 300 多場包場。到下映時，總包場數已破千，院線排片比例也從

1.6% 上升到 6%。

其次是「自來水」現象（用戶自發性地為電影轉發、推薦），這 400 位參與募資的用戶不遺餘力地傳播、擴散發行方撰寫的 100 多篇文章。路偉曾在一次採訪中對媒體說，一般票房破 10 億元的電影，宣傳團隊不過幾十人，可見這 400 位募資參與者密集擴散所激發的能量有多大，甚至《岡仁波齊》在廣州、深圳等城市戶外大螢幕的廣告都是募資參與者的自發性支持，「他們像這個企畫的工作人員，天天為這個電影的宣傳出謀劃策，搖旗吶喊」。

在前文提到的三部電影中，89 人參與了《西遊之大聖歸來》的群眾募資，取得了 9.56 億元票房，分別有 400 人參與了《岡仁波齊》和《喜馬拉雅天梯》的群眾募資，《岡仁波齊》的票房收入約 1 億元，《喜馬拉雅天梯》雖為中國國產紀錄片，也拿下了 1200 萬元的票房，遠遠超過其他同類型影片。

路偉看到，從新浪微博到微信朋友圈，再到微信公眾號和微信群組，此後還有更多社群媒體形態湧現，用戶閱讀和分享管道的變化實在太過快速，在這個大背景

下，透過互動使電影和觀眾之間形成親密關係（他稱其為產品社交和交易社交）的需要變得愈來愈普遍。

電影群眾募資有兩大特點：一是使用戶和電影之間形成了親密關係，二是實現小群體密集傳播和擴散。密集擴散的價值早已不言而喻，無須重複。而且可以看到，大部分票房不如預期的商業電影遭遇滑鐵盧，都是因為電影和觀眾之間沒有形成親密關係，只看到發行公司單打獨鬥。在路偉手中，透過募資使用戶和電影之間形成親密關係，將難被普遍認可的小眾電影轉向大眾可產生共鳴的方向。

只是，一定要塑造好價值觀。

剛提及的三部電影中，《喜馬拉雅天梯》一直在提醒觀眾：「不是每個旅行都能說走就走。」現實中很多知名登山者都在強調：如果沒有背後的嚴格訓練、資金支持，根本無法登上喜馬拉雅山。在專業登山者的故事中，也都記述著個人需要如何努力，才能取得什麼樣的成果。這是角度帶來的差異。

《岡仁波齊》也將價值觀分為三個階段，第一個階段是「我們都在路上」，本意想表達宗教和神山的直接

關係，但正是這句話率先在創業圈引發共鳴，被高度認可。很快，該電影往大眾市場前進時，第二個階段和第三個階段傳遞出的資訊轉變為「在前方遇到更好的自己」和「人生沒有白走的路，每一步都算數」。

就連動畫片《西遊之大聖歸來》，也將姿態放在「也許自己不完整、不完美」這個角度，喊出「一個需要英雄的時代」這句口號。

將價值觀凝練為行銷口號提出，可以在觀眾和電影間形成情感共鳴和關係紐帶。

到《西遊之大聖歸來》募資時，多位募資參與者要求將被安排在片尾出現的自己的名字替換成子女的名字，他們對路偉說：「希望在孩子長大後能告訴他們，你們小時候就已經投資了一部非常優秀的國產動畫片。」想讓他們也能時時感到自豪。

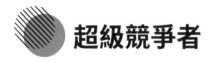

超級競爭者

　　和關係變遷影響著社群網路一樣，用戶投入產出比也在發揮類似的作用。回顧《即時引爆》一書中所討論的「引爆四大定律」，第一個就是短定律：用戶投入的時間愈短，收獲愈令人愉悅，就愈容易引爆。這個定律在未來一段時間內仍然有效，即用戶投入產出比愈高的產品，企業投入產出比愈高，經濟效益愈好。

　　除 CP 值外，用戶用更低的成本獲取更多的額外收益後，會造就（或強化）一個特別的現象，我們可以用「超級競爭者」來形容。仍然以《消滅病毒》為例，這款小遊戲的營收超過 3.5 億元，分潤達到 2 億元。這個成績在微信小遊戲 2019 年度排名第一，能夠達到相似等級的產品寥寥可數，從微信公布的數據來看，僅有小遊戲《動物餐廳》的最高月營收達到 5000 萬元，其他射擊類小遊戲更是難望其項背。類似還有，華為和小米分別成為中國乃至全球手機市場上的超級競爭者。

社群網路本來就提供了一種保護機制，當一個產品在社群網路上快速爆發時，關係鏈會保護這個產品，讓相似競爭對手很難再進入。而在親密關係和超級用戶範疇內，超級競爭者（品牌借助超級用戶賦予的力量成為行業內強而有力的競爭者）所擁有的競爭力更加長遠和穩固。

　　現在，鞏固企業的因素中有了一個新成員──讓用戶自豪的價值觀，或是用戶「躺著」能獲得的最佳收益。

第二種親密關係：
我很可愛

用戶面對參與養成的品牌，會愈發偏愛與投入。當企業希望用戶視品牌如己出時，會展現自己快速成長的一面，但也可能展露出造成巨大負面影響的一面。

讓用戶視品牌如己出

2019 年 5 月，我在蔚來汽車＊上海總部體驗了一次電動車 ES8 試乘，當時車子在一段數百公尺淨空的道路上從靜止狀態陡然加速，巨大的推力讓我往後一仰，心臟瞬間懸起，我不由自主地緊緊抓住門把。停車後，帶我體驗的張羿迪得意地轉頭看我：「感覺怎麼樣？」

我們是在騰訊工作時的老同事，他於兩年前加入蔚來汽車，出任用戶數位產品部高階總監。這次特意上門拜訪，是想討論一個他曾提問我的問題：「**新品牌、電動汽車、價格還挺高，這樣三個不利因素疊加，我們應該怎麼賣車？**」

其實對於這個問題，蔚來在市場上早有答案，而且張羿迪也曾給出自己的思考。那還是 2019 年年初，在

＊ 中國一間全球化智慧電動汽車公司，2014 年成立，2018 年於紐約證券交易所上市，主要在中國銷售高階智慧電動車。

昆明一次「水滴產品營」的深度學習中，張羿迪提及蔚來汽車的營運策略，他用一句話概括了自己正在做的事情：**「讓用戶視品牌如己出。」**

正是這句話驅使我拜訪蔚來。如何讓用戶視品牌如己出？這句話是如何深度地影響蔚來汽車的新車銷售的？

2017 年 9 月的某天，蔚來汽車包括高層和總監在內的 37 人聚集在大會議室，等待新任用戶數位產品部高級總監張羿迪公布新 App 產品提案，當天他們每人都要參與投票，確定公司和用戶接觸的新方式。在這之前，蔚來官方 App 僅包含官方新聞、評論等基礎功能。

這時張羿迪才離開騰訊加入蔚來汽車不久。公布提案之前，他先和執行長李斌討論過兩次想法，第一次他提議將 App 聚焦於工具方向——聚焦車輛服務、使用和售後。這一提議直接被李斌否定，他建議轉向社群，即在企業和用戶之間形成夥伴關係。李斌認為，App 除了幫助企業賣車、協助用戶瞭解車輛資訊、完成購車的所有流程和服務外，還必須負責蔚來用戶整個用車週期內的所有相關事務。

張羿迪按這個想法將團隊拆分成兩個小組，分別就不同方向深度調查和討論了三週時間，各自形成成熟的方案，也就是這次將要在會議上宣講和請大家一起決定的兩個方案。它們其實有諸多相似之處，都是將用戶營運和用戶關係維護作為基礎。差異在於，第一個是偏生活方式的社群方案，不僅討論蔚來汽車，還討論這輛車為用戶帶來的更多生活方式的變化；第二個是偏向汽車專業的社群方案，即聚焦車輛使用本身的社群方向，就像「汽車＋論壇」，只聊汽車本身，不涉及其他。兩個方案看起來都沒錯，因此格外難選，與會成員們投出了 18 比 18 的票數。

　　只剩李斌一票，他選擇了方案一，也就是今天我們看到的蔚來 App 的樣子。

　　李斌在會上說，蔚來汽車應該採用全員與用戶互動的模式，也就是蔚來的所有員工都有義務和責任在這個社群中與用戶互動、幫助用戶解決問題。因為這個 App，企業員工和用戶需要建立緊密的聯繫。這句話背後的認知不知不覺讓蔚來像當年小米推動粉絲文化一樣奠定了一個新產業基礎：**用戶與企業之間建立了某種親**

密關係，雙方的良性互動會成為企業的核心資產。

今天產業內有企業驅動消費者，也有消費者驅動企業，但若兩者相互驅動，一定會讓企業的產品和服務更好。

張羿迪為此先將接觸用戶的市場、銷售和售後職務做了第一批的標識和開放。借鑒華為和小米兩大手機團隊功能迭代、版本改進的策略，用戶提出的意見或建議會被迅速關注和跟進。例如，蔚來副總裁曾帶隊面對面訪問吐槽懸吊系統*不好的用戶，並根據對方的建議重新調整；海外的自動駕駛團隊來中國邀請活躍用戶見面，以優化自動駕駛功能、改進車機軟體產品方案和優先處理的順序。

而在實際工作中，即便公司高層已經投票確定用戶關係管理和營運方向，新做法仍然未被大家接受。另一位參與投票的重要部門總監就曾約張羿迪進行了一次嚴肅的談話，這位總監說：

---

* 車身和輪胎間由彈簧和避震器所組成的支持系統。

世界上沒有任何一輛車是完美的，蔚來的車也不完美。新車上市後會暴露出不少問題，App 改成偏社群的方向後，用戶吐槽的問題都會在社群集中暴露出來，並被所有人看到，繼而引來大批媒體報導。這會對公司品牌、聲譽甚至訂單造成很大的負面影響，嚴重時公司可能因此承受巨大的壓力。

他的話有沒有道理？當然有。張羿迪追蹤一段時間內公司在媒體環境中出現的負面報導，發現大部分媒體所引用的截圖正是來自蔚來 App 社群。但這個版本當時還是按計畫上線，蔚來內部要面對新的現實：如果用戶提出了問題，甚至吐槽，該用什麼方式回應？

這個問題最終以流程解決，用戶可能提出的問題被先行歸類，每個類型都對應一個部門聯絡人，員工發現問題後第一時間轉給聯絡人，瞭解情況後再給出回答。

堅持了一年多以後，先前那位總監再度找到張羿迪。新版 App 上線如預期一樣給他帶來了更大的壓力，但他也看到了這個方向帶來的幫助，他的態度變成：「不是不應該做社群，而是社群還沒做好，還能做

得更好。」

因為公司內部看到了愈來愈多的樂觀情況。蔚來汽車 ES8 於 2017 年 12 月 16 日宣布發售，第一批交期則要等到 2018 年 6 月。在開售之前，蔚來 App 社群內聚集了幾萬用戶，這些用戶很多人繳納了保證金——不是小訂，也不是繼續排隊等待試駕，而是直接交付大訂。

今天用戶購買一輛蔚來汽車，大概分成三個環節。第一個環節是支付一筆保證金（這被稱為小訂），最早為 5000 元，現在早已調整為 2000 元，用戶隨時可以反悔並拿回這筆錢。明確想要購車後，就進入第二個環節，即再繳納一個大訂（最初為四萬元，現在也調整到兩萬元）。第三個環節就是交車時補交剩餘款項。在還沒有推出新車試駕前，繳納小訂的用戶很多，繳付大訂的用戶並不多，大部分人仍持觀望態度。等到試駕開始後，很多用戶都在 App 社群發布試駕體驗報告，這些資訊被迅速放大，觀望者看過試駕用戶的體驗報告後大多直接繳交大訂。

「試駕過的人在社群談產品體驗，讓觀望者連試駕都不用就直接下了訂金，這就是社群的力量。」

2018 年 6 月，蔚來在微信上進行小型試驗，為每位車主組建一個專屬服務群組，每個群組包括用戶、業務、客服（兩人）、交付人員、區域總經理、售後（兩人）、加電*，群組內八個工作人員都圍繞用戶提供服務。

　　這一嘗試馬上取得了很好的效果，張羿迪驚喜地看到同業們紛紛跟進，提供專屬微信群組服務。於是他忙不迭地在年底實現產品化，正式上線到蔚來 App，順便還將專屬群組範圍擴大，即用戶繳交了小訂後，系統就自動圍繞他建立一個九人群組。同時，專屬群組以及「專屬 Fellow」（長期服務對接人員）被置頂在 App 的通訊錄（朋友）上。

　　以前專屬群組只服務蔚來車主，服務範圍是用車、售後服務、加電。專屬群組服務範圍往前挪到繳交保證金的用戶後，把購車過程中遇到的問題也包含進來，直接提高了轉到大訂環節的比率。

　　這種「讓用戶視品牌為己出」的做法帶來了幾個不

---

* 負責處理關於電動車換電、充電等問題的人員。

一樣結果：

- 2019 年，蔚來汽車新車銷售量的 45% 來自老客戶轉介紹，其中轉介紹數量最多的一個車主介紹了 50 位好友購買蔚來汽車；2020 年新冠肺炎大流行期間，用戶轉介紹率一度提升至 70%；2021 年轉介紹數量排名第一的車主一人轉介紹成功 160 輛。

- 車主中，深度參與蔚來汽車社群活動和日常營運的比率達 30%。在蔚來社群，淺度、中度和深度參與社群營運的用戶比例為 1：6：3。

- 深度參與的用戶一年中在 App 連續簽到超過 300 天。連續簽到時間最長的一位用戶從 App 上線第二個月便開始簽到，至 2019 年 3 月連續簽到超過 600 天。

我認為，30% 的用戶深度參與、45%～70% 的成功轉介紹率也是幫助蔚來汽車接下來度過黑暗時刻的基礎。

就在這次拜訪後，先是 2019 年 6 月蔚來汽車因電池自燃隱患召回 4800 多輛 ES8，之後又在 9 月 24 日

發布了糟糕的第二季度財報，公司淨虧損額約 32.86 億元，與同年度上期相比增加 25.2%。這讓蔚來股價從 6 月的每股四美元一路下跌，到 10 月初跌至最低點——每股 1.19 美元，即將觸及退場邊緣。同時伴隨著裁員及許多未經證實的負面消息流傳，就連李斌也被媒體戲謔為「2019 年度最慘的人」。那時看媒體報導，這家公司似乎完全被陰霾籠罩。

但很快地蔚來汽車就走出了低谷。11 月 4 日，蔚來汽車公布新車交付量數據，10 月共交付 2526 輛，是 2019 年年初以來交付量最大的一個月。緊接著，蔚來宣布和英特爾（Intel）旗下自動駕駛技術公司 MobileEye 達成戰略合作、新任財務長到任等消息，股價不斷回升。到 2021 年，蔚來在上半年就交付 41956 輛新車。

這些都是後來發生的事情了。

張羿迪判斷，**十年內，用戶關係（或者說夥伴關係）經營會成為新的企業標配。**未來商業也會變成基於產品和服務的社團或社群。他乾脆將這個策略稱為「用戶主義」，以和今天重視產品經理的文化區分開來。

在這一背景下，品牌和用戶之間從早期的品牌單向

傳播（企業透過媒體發布資訊，用戶單純觀看和接受）過渡到粉絲文化（用戶參與測試和改進產品或服務），再往下發展會進入品牌共建、品牌共有階段，即用戶和企業共同建設新品牌、推出新產品或服務，而商業只是結果，如圖7-1所示。

蔚來汽車如今所注重的全員關注用戶建議，並快速跟進產品功能和體驗改進，更像是這一演進的第二階段。相關部門都圍繞單一用戶獨立創建群組，快速跟進，提供深度且客製化的服務，更像是第三階段。基於這些服務，企業和用戶形成更親密的關係，而企業與品牌就像是用戶的孩子，備受珍愛和關心。

圖7-1　用戶與品牌之間的關係演進

愈親密，用戶愈偏愛和投入

《村落效應》（*The Village Effect: How Face-to-Face Contact Can Make Us Healthier and Happier*）一書曾提到一個有趣的實驗：雌性獼猴容忍其他獼猴盜取葡萄乾儲備的時間長短取決於牠們的關係有多近。母親對女兒最慷慨，接著是祖母和孫女，然後是姐妹之間，最後是女性長輩和侄女。其他一些靈長類動物也是如此，母親偏心女兒，姐妹之間也樂於分享食物，等等。

我們從中讀出親密關係對分享和關懷的影響。愈親密，長輩愈是更加地容忍和關愛自己的晚輩。

互聯網產品在用戶和產品之間模擬某種關係，本就是一種高明的策略。尤其是當企業以晚輩（猶如子女）姿態和用戶模擬建立起親密關係，就像是用戶從小養成那樣，背後的威力更大。

百度百科記錄了 2017 年年底日本遊戲公司 HIT-POINT 研發的手遊《旅行青蛙》：在遊戲中，旅行青蛙

出不出門、什麼時候出門、什麼時候回來都是隨機的。基本上 80% 的時間青蛙都不在家。玩家永遠不知道牠在想什麼、會做什麼、什麼時候回家、什麼時候遠行、中途遇到誰、發生怎樣的故事，他們所能做的就是收割三葉草、為牠收拾好行囊這類事情。

旅行青蛙更像是獨立的個體，有著自己的思想、性格和行事主張。玩家根本沒有辦法左右牠的行為，而只能作為「結果的被動接受者」，去理解和消化一隻青蛙的所作所為。《旅行青蛙》有別於傳統電子遊戲對人性操控欲、競爭欲的迎合，玩家在其中完全是「聽天由命」的狀態。

有意思的是，看起來像比做貓奴還要「不堪」的遊戲，卻在中國火爆得一塌糊塗，玩家紛紛形容自己像是養了一個「兒子」。如果青蛙很長時間沒回來，玩家會擔心牠在外面挨餓沒有、究竟去哪玩了、何時回來；看看郵箱，看青蛙有沒有給自己寄明信片；看到明信片上牠有了新朋友，也會感到欣慰……這可以被稱為「父母心態」。模擬形成這種父母與子女之間的親密關係後，用戶的黏著度和熱情一下子得到釋放，並因此風靡一時。蔚來汽車和用戶模擬、締結形成的也是子女與父母

之間的親密關係，這些用戶行為特點或許是源於蔚來主動將自己定位為子女，希望用戶視其如己出。

《旅行青蛙》的創作者在日本接受採訪時說，策劃這款遊戲的初衷更像是「養一個丈夫」。的確，很多女性朋友抱怨，和丈夫在一起就像是養兒子一樣。

掌通家園創辦人葉荏芊在一次分享社群、親密關係和超級用戶等話題的會議上提到了一組數據，恰恰呼應了上述現象：每個幼稚園小朋友平均會有 3.68 個家長綁定，付費用戶（家長）平均每天登入 17 次，每次平均使用 2.5 分鐘（每天活躍時長約 45 分鐘）。家長每天上傳的小朋友的照片至少 300 萬張，每天分享至朋友圈的次數超過 20 萬次。每年臨近入學階段，這款 App 的下載排名和活躍度甚至超過微信。

葉荏芊現場向創業者提出一個問題：假如有一個功能，可以隨時看到孩子在幼稚園的影片直播，家長會願意付費嗎？現場幾乎所有人都舉手表示願意。公開可搜尋到的數據是，2018 年 11 月這個功能為掌通家園帶來了 3 億元收入。

另一個例子來自為 3～12 歲兒童提供口才培訓課程

的創業團隊言小咖，創辦人楊壘提供給我一個他們招收不同數量學員所用的時間記錄：

- 招收前 50 名學員花費九個多月；
- 招收第 51～100 名學員花費不到六個月；
- 招收第 101～200 名學員用花費五個月；
- 招收第 201～300 名學員時間縮短為四個月。

達成這個速度和他們當時採取的獲客策略有很大關係：團隊會將每位小學員的學習過程，加上面對面訪問，剪輯成一段影片。楊壘發現，家長們面對這樣的影片沒有任何抵抗力，分享轉發率是 100%，平均每支影片有效播放量為 150 次，能涵蓋影響周圍至少 100 人，這也幾乎是家長們能涵蓋的最大相似和親密人群範圍。

口才培訓課程天生有地域屬性，通常客群只能是門市所在地周圍五公里內的兒童。恰好，家長們分享轉發影片所產生的傳播具有這個特點：如果身邊有幾位家長都購買了這門課程，並在朋友圈和群組中秀出影片，那麼更多有相似需求的家長會跟進付費購買。同一區域內

分享的家長愈多，被影響、轉介紹的新學員也就愈多。

在這之前，言小咖所在產業的獲客成本至少占據收入的 50%，即每吸引一個學員就要有半數收入花在行銷推廣上。現在，透過這些分享，楊壘在一年時間內涵蓋了附近 34 所幼稚園、13 所小學的 22.5 萬名目標用戶，投入的僅僅是員工拍攝和製作這些影片的時間和人力成本。

這幾乎是在重複我們前面提到的新增長飛輪：區域內家長們的密集分享，會帶來家中有相似年齡層兒童的家長的社交同步。在這幾個小案例中可以看到，人們不僅在關心自家孩子這件事情上非常捨得投入，除去關愛、時間和金錢，還會時常變身為「晒娃狂魔」（密集分享）。

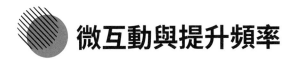

微互動與提升頻率

我們還要再度回顧張羿迪提出的那個問題：「新品牌、電動汽車、價格還挺高，這樣三個不利因素疊加，我們應該怎麼賣車？」讓用戶視如己出和背後的模擬晚輩的親密關係更完美切合了新品牌。實際上，張羿迪的這個問題還對應著一個產業大難題：高價位低頻率的產品和服務如何將用戶購買這件商品的時間點變成長期親密關係的起點？也就是說，高價位低頻率的產業怎麼做私域？

蔚來選擇偏生活方式的社群方案，以及從用戶小訂開始就單獨建立群組的策略，讓用戶與蔚來保持長期關係的不僅僅是汽車本身，還包括工作和生活的方方面面。從購買這一刻開始，長期服務就有了存在的可能。更多的交流和溝通方式直接提升了雙方的互動頻率，也在增強兩者的親密關係。

將用戶購買的低頻率升級為高頻率互動，這其實是

面對私域的最經典思維。我們至少會看到兩種借鑒：一是運用關係及背後的微互動，二是提升頻率。

從 2020 年 4 月到現在，我和騰訊廣告部門的產品經理們一直保持著對話，騰訊廣告是在業界私域營運的基礎平臺之一。

這幾年，廣告投放是幫助品牌涵蓋更多潛在用戶的最常用策略，也是私域用戶的最大來源。見實研究很多品牌企業轉向私域營運的案例後看到，最多只有 10%～30% 的現有用戶會加品牌的企業微信，或進入微信群組，轉化上限非常明顯。廣告就是在幫助企業破除上限。從 2020 年開始，在許多品牌傳遞到廣告公司的訴求中，投放預算不斷偏重於用戶關係沉澱、親密關係達成等方向。按當時的話來說，就是「公域＋私域」、「將用戶沉澱到私域流量池」。

產品經理卡特告訴我，在品牌和陌生用戶建立關係的策略中，有兩個最實用：一是藉助關係，二是微互動。他以中國汽車產業為例，說明這兩個策略是如何發揮作用的。絕大部分汽車品牌一直面臨兩個問題：去哪找而且找到對的目標客群？如何將他們轉化為用戶？因此，汽車品牌一年內投放於社群媒體的預算，有 70%～

80% 用於採集、蒐集和分發用戶銷售線索，規模至少在 80 億元。

過去汽車公司重度依賴資訊平臺聚集感興趣的客群，現實生活中很多用戶不單單關注業界汽車網站和瀏覽產業資訊，還關注汽車外觀、使用體驗等。蔚來、特斯拉、理想、小鵬等為代表的電動車品牌早早開始了深度運用關係的獲客方式，這也給了汽車公司許多啟發。

在一次與汽車公司的合作中，騰訊廣告旗下「車訊達」團隊搭建了一個小程序，他們發現，在還沒有正式推廣廣告前的測試期，用戶即已在這個小程序與銷售人員進行了 4 萬多次溝通，留下了 4000 多個真實有效的客戶線索。汽車公司進一步分析這些用戶所留的資料後發現，和曾經在自己的用戶系統、傳統管道所獲得的資料相比，重合度只有 8.7%。

詳加比對可見，基於關係的推廣方式，線索綜合成本只有傳統路徑的 30%，並且關係管道給汽車公司提供了更多、更廣泛的用戶留存資料。

2020 年 1 月騰訊廣告部門發布《2020 中國「社交零售」白皮書》，其中兩組關鍵數據所揭示的用戶行為變遷，對後續許多廣告投放案例都有重大影響。其中一

組數據是：82% 的用戶在進入購買管道前就已做好購買決策，77% 在購買前後主動裂變，還有 19% 忠誠回購。在這個案例中，卡特同樣看到：汽車公司在微信朋友圈投放廣告時，素材沒有明顯的賣車行為，但藉助親密關係和提升點擊小程序的用戶體驗，可以達成直接銷售和賣車的創新。

在這個小程序中，最早的數據來源就是關係：用戶線索來源於銷售的自發性分享。

另一組值得關注的數據是，在一個月內，25% 的溝通和線索、確定的商機是一對一溝通所發起的。

在重要決策的需求和服務中，用戶會重度依賴專業導購的力量——即使是在熟人推薦愈來愈重要的今天。

因此，車訊達團隊在小程序上增加了一個功能：用戶可以隨時和銷售人員進行一對一的溝通。數據也很快發生變化：一些經銷商當月就達成了三倍銷售量的增長；原本用戶需要三四個月做出購買決策，決策時間也愈來愈短。

卡特追蹤了更多產業的社群廣告轉化效果後，發現微互動廣告形式帶來的轉化更多。以一個珠寶產業的投

放案例為例，展現在用戶面前的素材就像是一個「裝有情書的信封」，用戶需要點擊打開才能看到。就這麼一個小動作，使標價 2.7 萬元的項鍊三天內售罄。在整體數據中，微互動廣告的互動率至少提升了 1.4 倍，如果素材中包含大眾喜愛的明星，互動率甚至提升至 27 倍。

關係帶來關係，微互動則在陌生用戶和企業之間建立了第一層連結。真人、即時、專業溝通顯然是建立這一層連結的開始。這也是騰訊廣告部門在聊起關係經營時強調「溫度」的原因：沒有什麼比真人在第一時間提供專業回應來得更有溫度了。

在另一種借鑒中，提升頻率是指增加品牌和用戶的接觸次數。蔚來採取的是群組內互動、更廣泛的生活討論，卡特採取的是更輕量的廣告互動投放。而在業界，其他高價位低頻率類的服務企業多聚焦內容創作，以內容的擴散來囊括更多的潛在用戶，或者推出中間狀態的輕服務，例如教育產業大力推廣 9.9 元體驗課並大量投放廣告來吸引潛在用戶，室內裝修產業多採用 199 元微諮詢、微顧問服務等方式進入用戶好友列表。

告訴用戶，我在時時成長

　　若企業要從晚輩的角度出發和用戶建立親密關係，首先需要傳遞給用戶一個關鍵訊息：「我在時時成長。」

　　有一次我和老同事們在騰訊離職群組裡討論 35 歲職場現象，談到「中年」這個話題，我的老長官、騰訊前總編輯李方發了一篇隨筆給我們看，他在裡面這樣寫道：「我從來沒像過去一年那樣關注女兒，注意到她每一個點滴變化。女兒會考成功，可能是我有生以來最快樂的事，遠遠比我當年考上大學高興得多。」

　　過去十年，我也從一個單身漢到步入婚姻殿堂，再到成為兩個孩子的爸爸，恰好貫穿了《社交紅利》、《即時引爆》、《小群效應》再到本書的寫作過程。修改這個章節時，得米已經八歲，曼迪也即將三歲。我對李方這番話感同身受。還記得第一次見到剛出生不久的得米時，襁褓中像小貓一般大的寶寶朝著我咧嘴一笑，瞬間讓我感受到內心的情感在融化，幸福滿溢，恨不得天天

抱著她。

　　現在曼迪也慢慢長大，我每天看著兩個寶貝都開心得不行。後來一位朋友笑著說我：「志斌，你有沒有察覺，你和女兒說話時和平時不一樣？」他模仿我和女兒說話時的樣子，聲音努力柔和下來，不敢粗聲粗氣。有時想想，為人父母最開心的是什麼？正是看著子女一點點長大。品牌和用戶模擬子女與父母之間的親密關係時，關鍵也正在於讓用戶感知到企業在時時成長、快速成長。

　　到今天，採用面對面需求調查、觀察用戶行為、邀請用戶提前試用、搜集意見和建議等策略，早已成為社群經營和產品研發改進的基礎。但站在親密關係的層面看，這些結果都不重要，重要的是透過這些基礎策略讓用戶感知到企業在不斷成長和進步。

　　在拜訪天音互動執行長劉國瑞時，我和他聊到明星和粉絲之間的關係。天音互動是中國一家非常強勁的粉絲經紀公司，在寫作本書時，我也尋求這家公司幫忙進行了一個大型明星粉絲調查。在這次交流中，劉國瑞說：粉絲雖然很關注藝人的作品品質，但相比之下他們更關注自己和藝人之間的關係定位。

比如有些粉絲定義自己是媽媽粉（像媽媽一樣呵護藝人成長）、老婆粉（非常介意經紀人炒作藝人戀情，要求藝人不能有伴侶），這都是粉絲自己確定的和藝人的關係。在這個關係定位下，藝人推出新作品後，粉絲首先關心的是：我購買的這個作品上面會不會有簽名？如果沒有，粉絲就不會購買。

同樣在這個定位下，粉絲這樣看待著自己「養成」的藝人：**有沒有不足不重要，是否完美也不重要，重要的是與我的關係是否親密。**

對藝人來說需要做什麼？**首先要做的事情就是讓親密的人看到自己在時時成長。**

「我在時時成長」的用戶經營策略更多地出現在明星養成類節目中。從湖南衛視 2004 年開始舉辦針對女性大眾歌手的選秀節目《超級女聲》，到 2005 年 12 月於日本成立的 AKB48 女團，乃至後續諸多選秀節目，都能看到這個策略的身影。在和一位在韓國娛樂公司工作的華人朋友聊到這個現象時，她告訴我：節目通常會「告訴」觀眾，大家都是製作人，投出的每張票對這些孩子都很重要，能夠決定他們能否出道。以前練習生每

隔一段時間會把自己的學習進展匯報給公司，現在則透過節目和公開表演匯報給觀眾，讓每位觀眾看到他訓練過程中的挫折、成長和進步，力圖呈現更多的細節，練習生也在節目中不斷地與觀眾互動。

就像觀眾在從零開始將一位青澀的練習生培養成大明星一樣，這也造就了當下非常顯著的流量明星現象。有意思的是，在養成氛圍的明星生態中，若有年輕明星在參演影視中因演技不足而被批評，我們總會聽到一句非常經典的、來自死忠粉絲們維護式的反問：「你沒看見他有多努力嗎？」這句話雖然也承認其演技仍有差距，但重點是在強調成長──外人看到不足，親人看到孩子的快速成長。

半成品時代

　　我應邀到杭州參加行銷長高峰會時，遇見同為分享嘉賓的中國購物網站唯品會副總裁馮佳路，他在現場講了一個案例。2017 年年初，電視劇《三生三世十里桃花》熱播，唯品會投放了影音廣告，結果設定的聲音有點大，被許多用戶在新浪微博和微信朋友圈中吐槽，說深夜差點被廣告聲嚇到。唯品會趕緊進行調整，一開始也不知道多大聲才合適，乾脆調為靜音，還為此增加了一頁素材——「此時無聲勝有聲」。更新後引來更多的用戶吐槽，說還以為是電腦或手機壞了，原來用戶將這個廣告進度當成了某個提醒，聲音響起時就表示正劇即將開始。在這樣「被吐槽—調整—再被吐槽—再調整」的過程中，唯品會反而意外吸引了用戶關注，使這次影音廣告的轉化率大增。

　　幾年後再想起這件事，我去微博搜尋，還查到了當時許多用戶發布的吐槽訊息，以及調整為「此時無聲勝

有聲」後用戶發出的螢幕截圖。看到許多用戶稱讚唯品會有個性、萌、很會玩，甚至直接說被它圈粉。

馮佳路藉此和圈內同業們討論：是不是「行銷人員不再像以往那樣被需要」？他甚至提出了一個觀點，認為「**廣告可以並應該就是半成品**」。在一次又一次的互動中，企業跟進用戶建議，快速響應和迭代，與用戶締結形成了不一樣的關係。這種關係雖然沒到親密級別，但和過去單純投放廣告相比也增強了不少。更重要的是，用戶今天允許半成品廣告素材出現，並願意參與半成品的改進過程，就像明星被養成那樣。

似乎存在一個悖論

　　我們在前文中曾討論「超強信任」，即超越預期的優質產品和服務促使用戶給予企業更強的信任，從而長期回購、強力推薦給好友，甚至將自己的某些情感（例如對國貨的厚望）寄託在上面。但在這裡，我們突然又看到了「有沒有不足不重要，是否完美也不重要」這樣的結論。這是不是一個悖論？

　　差別只在模擬關係的不同。在超強信任中，企業和用戶之間的關係像兄弟和夥伴間的平輩關係，企業每次提供的服務都要讓用戶感受到對方值得自己信任。就如華為手機粉絲回覆的那張關鍵詞雲圖顯示的，用戶更在意高品質的產品、超預期的服務。而在用戶像父母長輩的情境中，面對自己「養成」的藝人或品牌，賦予更多的愛還來不及，哪裡捨得苛責？

　　企業與用戶之間模擬親密關係，會帶來用戶活躍和轉化這一質量上的飛躍。模擬不同的親密關係，用戶的

寬容度和參與度也不相同。從現有關係看，模擬父母子女之間的親密關係，用戶的寬容度最佳。當思考如何用一句更通俗的話形容讓用戶視如己出時，我乾脆選擇了「我很可愛」。

新品牌特權

新創品牌和團隊特別適合模擬站在晚輩角度的親密關係，
並衍生一個特別現象：在超級用戶的呵護下，新創的企業
和品牌似乎有一種特權，用戶願意包容它們的「小錯」，以
陪伴其持續成長。

對 170 個藝人後援會的調查結果

　　在其他領域，用戶參與從零開始培養一個品牌尚屬探索中的做法，但在娛樂產業，此類案例非常常見，尤其是粉絲養成藝人的現象。研究親密關係、超級用戶對品牌成長的幫助，必然先瞭解這些。

　　2019 年年底，我前去拜訪天音互動執行長劉國瑞，請他們幫助我理解這個既熟悉又陌生的產業。天音互動在藝人經紀領域有非常強的影響力，和許多藝人及後援會密切合作。我們的話題從營運展開──後援會和粉絲如何深度影響自己喜愛的愛豆（網路用語「愛豆」源於「idol」的音譯，是粉絲對自己喜愛的明星的統稱）。

　　劉國瑞先跟我講了一個小故事：天音互動在 2019 年 3 月為歌手周深舉辦「深時深刻」主題音樂分享會，

特別找到一家品牌贊助商合作，觀眾購買音樂會 VIP 門票後可免費獲贈該品牌優惠券。團隊最初認為，作為附加的免費福利發放給粉絲的優惠券應該會受到歡迎。沒想到活動推出後，周深後援會代表粉絲對此強烈抵制，拒絕任何與音樂分享會及周深無關的產品和門票連結。工作人員解釋說，優惠券只是作為免費福利贈送給購買 VIP 門票的粉絲，是額外增加的利益。可是粉絲們依然認為，該品牌跟周深沒有任何合作，並且其產品與周深本人定位不符。

這次活動前後的溝通其實反映了一個藝人營運的基礎規則：除非藝人代言了某一產品或與產品有相關合作，否則任何門票售賣及贈送都不應與產品掛鉤。

劉國瑞的感受是：這是粉絲自發性對藝人的保護和維護，事無鉅細的程度甚至遠超工作人員。工作人員或許會有些疏漏，但粉絲不會。粉絲為愛豆所做的事情非常細緻、全面，包括固定地為愛豆刷話題討論度，頻頻推上新浪微博熱搜位置，每日關注並穩定各項數據，確保愛豆在各個數據平臺上的熱度。如果愛豆代言了產品，還會協助控評和購買以表達實際支持。

例如，楊超越後援會不僅幫她在《創造101》中以第三名出道，還幫助她爭取到許多代言。2018年9月，楊超越代言小豹AI翻譯棒，粉絲們就用購買行為推動這款產品創下銷量紀錄，證明了楊超越的帶貨能力——小豹翻譯棒上市百天銷量破10萬個。僅9月19日到28日，讓楊超越代言小豹翻譯棒的廣告登上紐約時代廣場大螢幕面對粉絲的促銷活動，就帶動銷售額突破200萬元。甚至在獵豹移動2018年第四季度及全年財報中都有所體現：當季財報中，小豹翻譯棒收入較同年上期增長193%，銷量較同年上期增長176%。

天音互動在日常工作中會梳理一份名單，即對藝人影響較大的後援會有哪些，我看到一份長長的列表，影響最深的後援會至少有28個。如果用百分比來衡量，這些後援會的影響深度超過90%。

在這份長長的名單中也有周深後援會的身影。鑑於周深為音樂屬性的藝人，粉絲為他在各大音樂榜單站臺、投票，來幫助周深增加綜藝節目的邀約。在粉絲的幫助下，周深登上了2019年富比士中國30歲以下精英榜（Forbes 30 Under 30），並在各大主流音樂榜單上穩居前五。

今年我無意中滑到了周深在 2020 年參加《歌手‧當打之年》第八期時翻唱《達拉崩吧》的影片，剛看到的那一刻驚呆了，才反應過來我曾聽劉國瑞講述過他的案例，也因此理解了為什麼粉絲們這麼愛護他——周深在這個節目中可謂星光四射。

就在 2019 年年底的那次會面後，天音互動再對 170 餘個年輕藝人的後援會進行了一次深度調查，以觀察粉絲日常是如何成就愛豆的。一個多月後調查結束，劉國瑞將結果跟我分享。

調查分成幾個角度，包括粉絲投入費用構成、所花費的時間、粉絲對明星代言品牌的支持、重大事件的表現等。我們從中看到了幾個令人感到震撼的數字。

首先是費用，粉絲們普遍願意拿出自己收入的 25%～30% 為愛豆消費，通常以為愛豆打榜*、參加重要見面會等方式消費。超級粉絲願意拿出自己收入的 50%～55% 為愛豆消費，一些超級粉絲會跟隨愛豆的每個行程、為愛豆應援、購買愛豆的周邊商品，甚至還有

---

* 指愛豆推出新作品時，粉絲會透過按讚、留言、轉發等方式推廣愛豆作品知名度，並且讓新作品在排行榜上保持好的名次。

小部分粉絲入不敷出，利用透支信用卡為愛豆消費。粉絲的重複購買率高達 83%。

在花費流向中，單一粉絲支持明星多聚焦在打榜—公益—活動—廣告—追行程—見面會—送禮等環節，消費最高的環節是追行程（包含交通費、住宿費、活動門票等）。後援會消費最高的環節則是應援，例如支持打榜、採買應援活動所需的物資、直接與商家協商購買各類花式應援服務等等。

調查結果顯示，粉絲購買愛豆代言的商品、引導好評等行為早已成為其主動行為。例如，2018 年歐洲 SPA 保養品牌蓓昂斯與藝人季肖冰合作後，在當年「雙11」電商銷售季，卸妝水單品銷量破 40 萬瓶，微博轉發超過 2.2 萬次；2019 年飲料品牌蒙牛真果粒宣布與肖戰合作的微博獲得 46.6 萬次轉發及 9 萬多條評論。在評論愛豆代言的商品時，粉絲甚至會細心地從外包裝、使用效果、代言人等多角度分別評論。

其次是粉絲投入在愛豆身上的時間，73% 的粉絲會以刷短影片的方式關注並支持愛豆，35% 的粉絲每天花一小時刷愛豆的影片，42% 的粉絲每天主要透過社群媒

體瞭解並關注愛豆的資訊，28% 的粉絲每天主要透過長影片（電視劇、綜藝、電影等）觀看愛豆的作品，7%的粉絲每天主要透過打榜支持愛豆。

粉絲們強大的組織能力早就被外界所稱道。某段時期的後援會也逐漸朝向類似公司化的架構，例如設立數據組、文案組、前線組、企劃、公關、後期、反黑組、會長，並沒有一個通用的基礎架構，每個後援會的情況各不相同，具體架構需根據藝人屬性及需求確立，像是有些流量藝人的惡評量低，就不會有反黑組。有些後援會架構的詳細程度和職責劃定甚至令很多公司都自愧不如。粉絲們對藝人實在過於偏愛，以至於願意事無鉅細地保護。

從工作量來看，排名第一的是數據組，尤其是選秀藝人的數據組，因為需要為愛豆持續打榜以送愛豆成功出道，甚至到了日夜不停的地步。以至於數據組都有「禿頭女工」的別稱，即累到頭髮掉光的地步，可見工作量大到什麼程度，也可見粉絲們為愛豆的投入程度。

工作量排名第二的是後援會會長，不論活動大小，各項事宜的組織及管理都需要會長出面協調。工作量排

名第三的是前線組，活動前期策劃、活動現場執行、應援和拍攝、活動後期返照和返影片＊等都需要前線組做好準備。

天音互動的調查顯示，一方面，粉絲投入的時間愈多，流失率愈低，一到五年內粉絲流失率只有 23%，可見大部分粉絲都會選擇持續停留；另一方面，愛豆愈活躍，粉絲流失率愈低。在粉絲的語境中，流失被稱為「爬牆」。實際流失和下列因素有著強烈相關：愛豆發展規劃、愛豆戀愛、粉絲之間不合（粉圈氛圍）、愛豆突發負面新聞等。

在詳細翻閱這些調查數據時，劉國瑞和我提到一句他工作中的感受：**很多粉絲雖然也關注愛豆作品的好壞，但更關注的是自己和愛豆的「關係定位」。**在這些關係定位下，粉絲們會有許多主動維護愛豆的行為。因此在前文中我先行引用了這個結論：有沒有不足不重要，是否完美也不重要，重要的是關係是否親密，並讓親密的人看到自己在時時成長。

＊ 返照和返影片是指後援會粉絲或攝影拍攝完照片或影片後，會再交由藝人方工作人員確認，之後才會開放給粉絲用這組照片放到公開平臺。

品牌愈輕量，愈容易模擬晚輩型親密關係

　　劉國瑞在回頭看調查結果、對藝人影響較大的後援會名單，以及粉絲們在不同時期引發的大話題、大事件時，看到一個共同點：愈是流量藝人，後援會對藝人的影響愈大。

　　這些影響集中在多個明確的角度。許多流量藝人從出道起就與粉絲綁在一起，正是粉絲們竭力號召、支持和投票，才推動愛豆成功出道。而出道僅僅是開始，接下來就是長期支持和穩定曝光。這些超級用戶每天都在不同社群內、社群媒體上持續拉動普通粉絲為藝人打榜、推動話題流量、引導正向評論（控評），維持藝人形象的同時還要穩定曝光量。由此產生演藝圈中許多令人驚訝的大事件和耀眼的數據。更重要的還有流量變現，流量藝人的粉絲為維持和提升愛豆的熱度，會為其

代言的商品掏出真金白銀，並盡可能持續回購，促進藝人接到更多的品牌代言。

可以說，粉絲們為藝人能做和正在做的事情在流量藝人身上表現得更突出且集中。這和本書一開始討論的超級用戶樣貌如出一轍。天音互動的調查結果與幾年前貼吧對明星粉絲的調查相似，粉絲們對明星表達支持和愛的方式並沒有發生太大的變化。

粉絲對待愛豆的態度和行為讓我們看到，在社群網路發達的今天，人們不僅僅需要大量的好友，某種程度上來看，好友數量在社群中只是一個數字，在孤獨時依然無人陪伴，無人值得傾訴，人們需要的是值得情感投入的親密關係。從一開始就陪伴著對方一點點成長，哪怕其早期不是那麼完美。在這種就像是模擬父母看著子女成長的親密關係中，粉絲們會覺得自己負有責任，因此會投入自己所能投入的一切。

愈是新創和輕量的品牌，愈容易和用戶模擬形成這種晚輩型親密關係，品牌就像是那個被用戶養成的子女。超級用戶更是會在品牌從誕生到增長再到收入變現等環節全力支持。因為品牌所達成的快速成長就像是一

種正反饋——讓用戶感知到對方在自己的呵護下時時成長。

在劉國瑞的觀察中，雖然這些現象早已有之，但真正被更多的粉絲認可和接受並形成市場局勢是開始於2018年。這一年，中國兩大影音網站推出兩檔藝人養成類節目，對中國娛樂圈造成巨大的影響，甚至徹底改寫了市場規則。

一個是2018年1月19日愛奇藝首播上線的《偶像練習生》，可以稱其為中國首檔偶像競演養成類實境秀。上線僅一個小時，播放量便突破1億人次。4月6日，《偶像練習生》九人男團NINEPERCENT正式出道，其中C位就是蔡徐坤。

另一個是2018年4月21日起在騰訊視頻播出的《創造101》。這檔節目從457家公司及院校的1萬3778名練習生中選拔出101名選手，經過不斷培訓和比賽，6月23日節目結束時選出其中11位選手組成女子偶像團體，楊超越名列第三。

這兩檔節目或有不同，但基本規則都是讓粉絲為自己的愛豆投票。只有人氣和名次能決定這些年輕選手

最後能否勝出。藝人的「生死」掌握在了粉絲手中，他們可以決定愛豆能否出道，以及出道後可以拿到多少資源。

這種規則改變了之前主要由專業評審決定選秀藝人能否出道的策略。2005 年，《超級女聲》採用專業評審決定選手命運這一規則，曾成就了今天中國諸多知名藝人，也占據了數年綜藝節目頭部榜單。然而在新規則下，培養粉絲成為超級用戶才是最核心的營運策略。

粉絲票選超越專業評審票選，這一新規則也成功開啟了後續數年演藝市場的全新影響力。

只是，玩法不敵局勢。已經「畸形」的飯圈文化在 2021 年引起關注，由此開啟了大整頓。2021 年 8 月，在飯圈整頓局勢下，愛奇藝宣布取消未來幾年偶像選秀節目，騰訊視頻也跟著同步調整。調查的部分結果揭露了其畸形的一面，例如部分粉絲透支信用卡為愛豆消費、無上限付費。粉絲愛自己的愛豆，願意為之傾盡所有，但愛豆及其背後的商業公司不能因此過度消費粉絲：誰會讓愛自己的家人一無所有、受到這種無謂的傷害？2022 年 3 月，中國國家互聯網資訊辦公室再次就

《未成年人網路保護條例（徵求意見稿）》公開徵求意見，其中明確提及「不得誘導未成年人參與應援集資、投票打榜、刷量控評等網路活動」。

　　愛無限，但對愛投射在物質上的索取應該有限度。某種程度上看，整頓是產業對部分愛豆及其背後的商業公司貪婪的索取行為的反思。即使不在這時候，也會在另外一個時間點掀起大反思。不變的是，粉絲對愛豆的支持和愛仍然會持續下去。

　　目前，我們能從曾經的調查中看到的是，在以晚輩為出發點的親密關係模擬締結中，企業如何建立起讓用戶時時呵護、品牌快速成長正反饋這一營運機制。

轉介銷售了百餘輛新車的蔚來車主

2019 年下半年，在我居住地附近的商業中心，蔚來汽車新開了一個用戶中心，裡面展示了兩輛新車。散步時偶爾會進去看看，注意到裡面立著一個告示牌，上面印著一些志工的照片和名字。他們大多是附近的居民，當然也是蔚來的車主，張喆就是其中一位。我在蔚來汽車調查時曾聽過這個名字，他在蔚來汽車創下了多個紀錄。

一是轉介紀錄。蔚來汽車記錄的數據中，有 34 位新車主是透過張喆介紹購買的，排在那段時間北京市場的第一名。但這組數據並不準確，還有許多張喆成功轉介的車主並未被記錄，他也懶於在這個排名中表現。根據粗略計算，真實數據早已超過百輛。

二是志工上班打卡紀錄。用戶中心的志工活動就是採納了張喆的建議，2019 年的多個國際車展上，蔚來汽

車的展臺並沒有聘用模特兒，而是邀請車主在現場當志工，回答參觀者的問題。後來，志工活動被蔚來保留下來，擴展到了用戶中心。現在，每個用戶中心都有車主志工入駐。截至我們見面那天，張喆作為發起人已連續打卡上班 45 天，不領薪資，中間無休。

三是作為轉介最多的車主，張喆曾受邀前往蔚來汽車總部，與員工們分享自己是如何做到成功轉介這麼多車輛的。

2019 年年底，我約張喆共進午餐，想獲知更多細節以瞭解他是如何成為超級用戶的。他比約定的時間晚到了半小時，一進來便忙不迭地道歉。本來能準時的他去附近的蔚來汽車用戶中心拿東西，恰好碰到有顧客詢問新車資訊，張喆停下來幫助他，直到對方再無疑問後才動身來跟我會合。

我們的話題也從頭開始：2017 年，張喆需要更換自己的座駕，預算在 70 萬～150 萬元之間，他迅速鎖定了一輛新款 SUV（越野運動休旅車）。等待交付期間，張喆無意中看到蔚來汽車的一個開放活動，參與後感覺很不錯，符合自己的預期。那時是蔚來進入市場的早期，甚至連試駕都沒開放，首批車的交付時間更要等

到次年 5 月底。即便如此，張喆還是和兄長一起在現場預訂了兩輛新車。 2018 年 6 月蔚來開放北京市場的試駕後，張喆身邊已經有八位好友聽從他的建議，預訂了蔚來汽車。後來，張喆陸續將大家族內六輛用車全部更換成了蔚來。

張喆名下有多家公司，早已實現財務自由。瞭解到這些後，我直接問他：是什麼讓一個早已事業有成的用戶投入如此大的熱情在一件與自己不相關的事情、一個新生品牌上？

張喆打一個特別有意思的比方：我覺得蔚來是個笨小孩，在不停地犯錯，每天在用戶群組裡我們都能看到有人在「噴」（批評）蔚來高層，說這裡沒做好、那裡需要改進，但蔚來的人心態都非常好，每次回應都很積極。

轉向購買電動車是因為張喆認同電動車會成為產業發展大趨勢，他也因此一直在留意尋找和搜集相關資訊以找到自己滿意的車輛。下文中，我們會提及技術競爭早已成為用戶是否願意成為超級粉絲、超級用戶的關鍵點。在電動汽車領域，技術競爭更是基礎和關鍵。

認同了這一產業大趨勢，接下來才是認可一家公司。張喆下訂後發現蔚來沒有過多地追求商業化和利潤，他們認真聽取用戶的意見和建議並及時反饋：「蔚來汽車有沒有毛病？絕對有。問題在於，哪怕只有萬分之一的瑕疵，企業怎麼處理。」

　　蔚來汽車的一位總監也對張羿迪說過這樣的話，他說，世界上沒有任何一輛車是完美的，蔚來的車也不完美，社群形態會使許多問題暴露在公眾面前，對公司品牌、聲譽甚至訂單造成很大的負面影響。但顯然最後沒有變成大家擔心的那樣，相反地，蔚來汽車對問題的坦誠和快速解決是車主們感覺滿意的地方。有時，車主在群組內和高層反饋各種體驗問題，對方甚至能做到秒回。讓他訝異的是，蔚來汽車居然採納了包括他提的志工活動在內的許多建議：「居然敢讓用戶站在那說，也不怕說錯了。」

　　這就像是一個笨小孩，努力把自己該做的事情做好，也讓張喆產生了一種感覺：「我覺得蔚來很好，我願意推薦它，同時也想保護它。」

　　2019 年 8～9 月，幾位車主接連自發性地在青島、

濟南、濱州、瀋陽等城市為蔚來刊登路邊廣告。這些照片發布在社群中，引起了車主們的很大迴響。對於這件事情，蔚來事前並不知情，為此派員工訪問車主。一位車主這樣告訴來訪者，「蔚來將車、企業和用戶距離拉得非常近，就像一家人一樣」，因此才會在看到自己手邊有什麼資源時就「舉手之勞，順手為之」，幫忙打廣告宣傳「家人」。

張喆也提到很多類似的事件，車主們主動在群組內提出要幫蔚來做的事情更多，投入甚至遠超於此。他提到「用戶企業」一詞，張喆認為並認可蔚來是一家用戶企業。這是 2018 年下半年蔚來汽車執行長李斌提出的，當時藉著公開演講表達的意思是，希望蔚來和用戶之間的關係更緊密，希望蔚來用戶、股東、員工和合作夥伴長期受益於企業的發展。這個說詞一閃而過，外界很少再度提及。張喆很自然地說起時，我還有些驚訝：用戶會怎麼定義這個名詞？

簡單來說，就是用戶和企業成為共同體，一起發展，陪伴成長。張喆認為：「企業能不能把用戶維護到位，以讓老車主推薦新車主的節奏延續下去很關鍵。只

有持續性地做好這個事情，蔚來才能樹立一個獨特的體系。」

養成一家企業並形成獨特的體系，這和年輕的粉絲們全力支持自己的愛豆一樣，也偶然符合「有沒有不足不重要，是否完美也不重要，重要的是關係是否親密，並讓親密的人看到自己在時時成長」這個結論。

那麼，是什麼支撐著車主們的持續熱情，維持著老車主推薦新車主的節奏？

張喆想了想，回答說是新朋友圈。「到了我們這個年紀，已經過了有什麼好奇和湊熱鬧的勁頭，因為見過、聽過、經歷過，對很多事情也就沒有了那種絕對的追求，經常自己默默地待著。」張喆其實不大，正值風華巔峰之年。投入蔚來汽車當志工後，他卻感覺「找到了一個極其需要的、嶄新的朋友圈」。

蔚來對 ES8 車主做過市場調查，發現其中 90% 是男性，平均年齡 35 歲，人均月收入 5 萬元以上，多在企業擔任中高層或是民營企業老闆。相似的財富基礎，加上相似的興趣愛好，讓這群人在群組裡討論時聚焦於技術發展、用車體驗、企業服務等層面，他們甚至還在

思考能不能將「用戶企業」這套玩法複製到自己的公司營運中。

在我和張喆交流的那段時間，蔚來汽車還處在黑暗時刻，尚未走出來。不過張喆並不擔心，他說，車友會不斷向公司高層提出新建議，例如許多車主都有自己的物業，很願意在自家的飯店或辦公場所協助蔚來開設新用戶中心；當時蔚來充電站還有些不便，車主們紛紛提出希望能自己投資幫助蔚來建造充電站，就當是借款給蔚來，等其資金充裕了再還回來即可。

投資建設一個充電站要兩三百萬元。我後來問張羿迪這個建議被採納了沒有，張羿迪說，公司高層開會時曾討論這個問題，一度擔心車友們賺不到錢而暫時沒同意。在他的觀察中，從 2019 年開始，車主們陸續提出了許多想和蔚來合作的想法和建議，甚至用了「湧現」一詞——「這些建議大量湧現，是兩年前真的沒有預料到的」。

而我最大的感觸是：被養成的不論是新藝人，還是新的電動汽車品牌，不論是原本小眾的電影《岡仁波齊》，還是大眾產品華為手機，讓無數粉絲和用戶變身

為超級用戶，持續投入巨大的熱情、時間和精力，都伴隨一個顯著的效應：**在親密的層面下，新誕生的企業或品牌似乎有一種特權。在這種特權下，品牌獲得和產生超級用戶更容易，用戶也對這些品牌的「小錯」更包容，以陪伴他們持續成長。**

這種包容不是無視錯誤，相反地，用戶自身傾力投入，用資源或金錢、時間或精力幫助企業走出困境，哪怕對方正處於黑暗時刻，用戶也毫不猶豫。

好心也會辦壞事

　　值得深思的是，蔚來預見到了「開放的社群形態會部分助長外界的負面報導」，也預見到了在發展中遭遇挫折時用戶會挺身而出提供種種幫助，卻怎麼也想不到用戶有時也會好心辦壞事。2021 年 4 月上海車展，當一位女性車主身穿印有「剎車失靈」的 T 恤，站上特斯拉車頂維護權益時，似乎開啟了多家電動汽車品牌共同的「陣痛期」，其中也包括蔚來。同年 8 月，在一次導致車主死亡的交通事故中，有超級死忠粉絲車主過度維護蔚來，發布了一份〈蔚來車主對 NP／NOP 系統認知的聯合聲明〉，稱蔚來的 NP／NOP（Navigate on Pilot）系統為輔助駕駛系統，而非自動駕駛系統或無人駕駛系統，在此前的宣傳中也未造成混淆和誤導。結果不僅沒有將蔚來從泥潭中解救出來，反倒還將它和車主們拖入了巨大的輿論旋渦。

在粉絲重度維護愛豆的飯圈，類似「好心辦壞事」的現象更是常見。2020 年 2 月，肖戰的粉絲挑起了一場紛爭。當時一位網路文學作者寫了一篇涉及藝人肖戰的同人小說，肖戰的粉絲聯手舉報同人文作者和幾個內容平臺，導致 AO3（ArchiveofOurOwn，一家為同人創作提供服務的國外網站）被中國防火牆阻擋、LOFTER（中國最大的同人創作社區）文章被大量刪除。粉絲的行動觸怒了喜愛這類小眾文化的用戶族群，他們紛紛以將肖戰作品打一顆星、抵制購買其代言的產品等行為反擊，波及了多個肖戰代言的品牌，反而對藝人造成不利影響。

就像對孩子過度溺愛的家長，也總會無意中使孩子在健康成長的過程中走偏。同樣是粉絲們主動維護愛豆，當事件往好方向發展時，對藝人的正向推動、品牌提升產生巨大的作用，但當事件滑向另一個方向時，反而會使藝人遭受不可估量的損失。

用戶過度維護品牌而引發品牌危機，這也算是親密關係的副作用吧。

第三種親密關係：
我很可親

人們天生自然會親近於幫助自己的人，當企業從長輩角度
出發建構和用戶的親密關係時，意味著無微不至地為用戶
著想，甚至細化到更多特別的時刻。

誰騙走了你父母的錢

　　就像黑暗森林，保健品行銷一直「處江湖之遠」，備受爭議。

　　2013 年年底，黃不問帶著兒子回老家，在返鄉的火車上，他看到 20 多位老年人統一帶著印有「××養生科技」的帽子，在這家公司的號召下外出旅遊。聊天中得知，他們都是這家公司的老客戶，六年來幾乎每個人都購買了該公司 10 萬多元的產品。

　　其中一位老人閒聊時說：「我更願意跟這家公司的員工一起生活，比如說那兩位張羅我們去旅遊的小姐，她們對我比我自己的孩子對我還要好，我買他們的產品，不單單是因為我有這種需要，還因為能幫助她們完成公司的任務、得到公司的獎勵，這樣她們的生活能過得好一點，我也覺得很欣慰。」

　　做過保健品銷售的黃不問聽了這些，想的反而是：一般人聽了，或許會覺得老人和那兩個××養生科技

的員工之間是一種超越了血緣關係的親情，但我不這麼看，我認為這是一種可惡至極的詐騙。這兩位小姐在這些老年人的眼中是善良、誠實、有愛心、有上進心、孝順的好孩子，實際上，她們的真實面目就是令人痛恨的吸血鬼，她們就是在活生生地把這些老年人榨乾……黃不問到家後發現父親也因劣質保健品而受騙，他實在忍不住，將自己的所見所聞整理成一本電子書《誰騙走了你父母的養老錢》並上傳到豆瓣閱讀，黃不問在書稿中詳細整理了許多保健品銷量的「招數」。

「免費三部曲」：一是免費診療，以此取得老年人的好感和聯絡方式；二是免費講座，介紹產品，吹捧功效，為推銷鋪陳；三是免費吃飯，進一步增進感情，並藉此推銷產品。

「軟磨硬纏三部曲」：首先透過與老年人聊天，瞭解他們的喜好，投其所好搏歡心；其次，在瞭解老年人的基本情況後，按其經濟實力推銷相應的產品；最後，透過不斷打電話或者直接上門的方式，與老年人保持聯繫。

還有兩個招數是「上門收錢」和「定期回訪，追蹤服務」。

顧客在活動現場遭受輪番轟炸後，勉為其難地購買了保健品。在沒有付款的情況下，銷售員很大方地讓顧客先帶回家。很多顧客認為這是對自己的信任，所以「把保健品提回家後第一時間就會準備錢，把帳結了」。

　　顧客一旦購買了保健品，就意味著和賣保健品的人建立了一種長期關係。理由很簡單：這是售後服務，顧客吃了他們的產品，他們要負責讓顧客真正地獲得健康，於是時常噓寒問暖，定期拜訪，督促顧客服用。

　　「在某種情況下，這恰巧滿足了某些獨居老人內心渴求關懷的需要，產品變得無足輕重。賣保健品的人漸漸成了他們的精神寄託，甚至有些銷售員認了顧客當乾爹、乾媽，那麼當乾兒子、乾女兒要完成公司下達的任務時，作為乾媽、乾爹能不掏錢買他們的產品嗎？」黃不問這樣記錄道。

　　這些招數其實回答了許多人無法理解的問題：為何有些老年人家裡的保健品堆積如山？為何他們省吃儉用，買根蔥都要討價還價，購買保健品卻停不了手？

　　很大一部分原因是保健品公司刻意和他們模擬了一種親密關係。

被打擊的灰色保健品公司

　　過去一段時間，在二、三線城市，針對老年人的保健品行銷成為一個龐大的產業，和黃不問一樣，許多在大城市工作的朋友回到家鄉，總能看到長輩被「糊弄」購買了一些「保健品」，包括我在內。我曾和朋友們聊起這個話題，引起很多共鳴，紛紛吐槽這個現象。

　　我並不是說正規管道購買的保健品不好，恰恰相反，留心家人和自己的健康是生活的基礎，甚至許多人出國旅遊時都會有目的性地選購一些保健品。在生活水準日益提升的今天，健康早已成為剛需和大產業。令大家憤怒的是那些被唸歪的經、偽劣和誇大的產品，以及專門欺騙老年人的銷售方式。

　　從 2017 年開始，針對老年族群的保健品行銷及其採取的會議行銷策略成為眾矢之的。當年中國中央電視臺「315 晚會」接連曝光了六家保健品公司及至少三款

違規產品。同年年底，醫生譚秦東發表貼文〈中國神酒「鴻茅藥酒」，來自天堂的毒藥〉引發軒然大波，四個月後鴻茅藥酒發布自我調查報告並向公眾致歉，但民眾對這一市場愈發關注，批評聲漸起。2018 年 12 月 25 日，丁香醫生在其公眾號發表文章〈百億保健帝國權健，和它陰影下的中國家庭〉，將權健公司推上風口浪尖，到 2019 年 11 月 14 日，權健因涉嫌組織、舉行傳銷活動等罪案被提起公訴。搜尋報導，也能看到另一家排名名列前茅的保健品公司天獅同樣訴訟纏身。

正規公司的銷售招數

如果說，灰色地帶的市場正在被打擊，那麼正規保健品市場和公司最常採用的銷售策略是什麼呢？

我為此前去拜訪大李，他是這個產業的資深從業者，曾創辦多家保健品公司，現正在開發新的健康類App。在和他長時間的交談中，我們發現保健品市場從業者其實是運用社交策略，尤其是親密關係。透過他的講述，我整理了一份簡略的招數重點。

一是進入用戶熟悉的場合。

保健品產業銷售人員在考核陌生拜訪效果時，普遍將「五有」資訊（有姓名、有家庭住址和電話號碼、有經濟評估、有健康狀況、有競爭對手的產品情況）作為衡量指標，以此判斷是否需要對該顧客進行後續跟進。如果值得跟進，再考慮如何推進。五有資訊還能判斷銷售人員和顧客之間聊天的品質如何、建立了什麼樣的關係，如果能夠獲取到這些資訊，至少顯示顧客對銷售人

員有初步的信任，以及這種關係對後續銷售有一定的助力等關鍵問題。

銷售結果都建立在拜訪客戶的第一個動作上。不過，隨著近幾年針對老年人的保健品銷售愈來愈多，老年人從願意相信、願意給出自己的電話號碼轉變成當下的不信任，防備陌生的銷售人員。面對這個變化，保健品公司會要求員工：拜訪客戶時要前往老年人熟悉的地方，例如公園、菜市場等老年人多的公共場所，「首先銷售人員一定要過去，一定不能是等顧客過來，不能讓顧客處於陌生的環境中。顧客熟悉的地方不會讓他緊張，只有在熟悉的環境中，老年人才會願意和年輕人聊天」。

二是在恰當的時間點建立感動、驚喜的瞬間。

獲得五有資訊是顧客和企業之間相互信賴、長期溝通的基礎，至少表明顧客對企業（或者說銷售人員）不反感，但這仍然不夠，銷售人員需要在這個基礎上製造驚喜的瞬間。

例如，大李曾看到麾下銷售人員瞭解到自己的某位顧客患有高血壓，他在一次海外旅遊時發現當地有一本

介紹高血壓的專業圖書非常好，中國還沒有引進，就特意購買並帶回去送給那位顧客。對方看到後，激動地擁抱了他。

這些驚喜的瞬間讓顧客相信銷售人員「會用心照顧我」或「對方心裡有我，會為我著想」，是一個值得交往、值得信任的人。雖然這只是銷售技巧，但其實需要企業在營運環節用心設計，因為「美好的事情不會自然發生，一定是被設計和創造出來的」。在這個指導思維下，產業常見的招數變成：如果天氣不好，早晨颱風下雨，老年人去不了菜市場，銷售人員就會買好新鮮的蔬菜送上門，通常顧客都會很感動。而且即便每次上門拜訪時看起來漫不經心，天天上門話家常也不成，要提前準備很多話題和情感設計。

三是時時陪伴。

現實生活中，許多老人內心既孤獨又無助，也不願意麻煩子女。這時，有一個第三方能時刻回應、時常幫助，是許多老人潛意識的需求。還有一個隱藏的問題是，中國人並不擅長直接表達情感，有些父母和子女之間也沒有建立起順暢的溝通方式，這讓能夠隨時提供幫

助的第三方更受歡迎。因此，許多保健品公司的銷售人員會經常陪伴老年顧客聊天、話家常。

此外，長期關係還可以透過持續的客戶服務來建立。銷售人員借售後服務的契機噓寒問暖，定期拜訪，提升老年族群市場的銷售轉換率。這本就在告知我們：**售後服務是一個能夠建立長期關係的重要環節和關鍵出口**。尤其是醫療、遊學、投資、買房等本需要長期服務、可以建立長期關係的領域和產業，長期售後服務愈發重要。

我和見實團隊在幾年間追蹤的 1400 多個私域標竿中看到，追蹤跟進售後服務是建立和推進用戶關係的最有效策略之一。有意思的是，大部分公司對售後服務並不重視，做不到透過售後服務來增強和用戶的長期關係、親密關係，更別提這個環節在用戶生命週期管理範疇所能發揮的巨大作用。

好武器就在身邊，大部分人卻總是視而不見。

四是讓客戶有成就感。

大李整理多年產業經驗時發現，很多銷售員一開始業績很好，三四年後就會逐漸走向平庸，業績愈來愈

差。一開始他以為是個體現象，後來才意識到這幾乎是產業通病。之前他所在的公司每年也會評選「十大優秀員工」，經常是新員工占據榜單。全面觀察後，大李找到了答案：「很多銷售人員剛入行時不懂銷售技巧，青澀的模樣反而很容易使顧客產生安全感，讓老年人產生指導欲望，願意提供幫助，就像長輩在關心晚輩成長一樣。相反地，工作幾年後，銷售人員習慣了無數招數，反而會因為技巧太明顯、手法太純熟，引發老年人的不信任。」

如果不能激發顧客的安全感和成就感，就無法建立更強的關係。成就感的目的正是在顧客心中模擬這種親密關係：像長輩關心晚輩成長一樣，關心和幫助銷售人員的工作。

五是發起一個大活動。

完成上述步驟後，企業才會推動銷售人員嘗試邀請老年顧客到店體驗產品，讓顧客知道和瞭解自己在做的事情。「若你過去幫助過他，製造過感動和驚喜的瞬間，顧客就不會認為你騙他。」因此應約到訪的轉換率非常高，依賴曾經的信任基礎，顧客才會將對銷售人員

個人的好感轉移到產品和品牌上，建立起對企業的信任。

但這個環節體驗並不是直接銷售，轉換訂單另有他法，那就是發起一個大活動，例如大降價，會為銷售轉換提供巨大的幫助。有段時間內，保健品公司邀請老年人免費參與紅色旅遊*，更是促成訂單的新活動手法。

在透過這些策略建構起親密關係後，大李發現，超級用戶比例會達到顧客群體的40%～50%，每年人均消費至少五六萬元。那麼，在企業和顧客建構起親密關係後，是不是就可以賣高價？答案是否定的，反而需要給出更多的折扣，「顧客對產品的要求是必須比其他的更優秀，也要比其他的更便宜」──產品的高品質和高 CP 值仍是推動親密關係構建的要素。在這裡，親密關係是成交的基本條件和結果，更是回購的基礎。

更重要的是，親密關係是起點，而不是終點。

---

* 參觀遊覽和中國共產黨歷史或其所乘載的革命精神相關的紀念地、紀念物的旅遊。

大李的另一個感受是，**親密關係一旦確立，就不能停歇**。如果企業能在老年顧客群中舉辦書法、跳舞、歌唱協會，和電視臺合作一些選拔賽，或者帶他們出遊，那麼彼此之間會形成長期接觸，繼續提升兩者的關係親密度。

「親密關係的放大不能聚焦在一個點上，不然會飽和。如果用更多細節去承載，反而會衍生更多產品和需求。」這樣做的另一個直接的結果是，「每年至少有30%的增長來自老用戶回購和轉介」，這就是親密關係增強和推進達成的收入放大。

武松與宋江的初次見面

　　前面的案例中都暗藏著一句話，不過提到這句話之前，不妨再聊聊《水滸傳》第 22 回的故事。

　　武松緊緊裹住身上的衣服，有些寒冷。之前因為毆傷官吏，逃難來到柴進莊園。沒想到一段時間相處下來，從最初備受待見的貴客，漸漸變成無人理睬的落魄漢。武松心裡發涼，加上已是秋冬時節，一時不慎，這個身軀凜凜的大漢居然得了瘧疾，一時冷一時熱，再鐵打的漢子也承受不住。

　　夜已深，武松找到一把鏟火的鐵鏟，找了些木炭在走廊下一個避風角落點著取暖。這時，一人似已有七八分醉意，瞇著眼睛，趔趄著走來，一時不辨方向，一腳踩在鐵鏟柄上，滿鏟的炭火噗地飛起，掀了武松滿頭滿臉。氣得武松跳了起來，一把揪住這個醉漢，大聲喝斥道：「你是什麼鳥人？敢來消遣我！」

但他的拳頭還沒打下去，就被聞聲趕來的莊客和莊主柴進攔住：「你知道他是誰嗎？」「他就是你心心念念想要去投奔的及時雨宋公明啊！」

　　武松愣住了，他定睛看著眼前這個漢子，簡直不敢相信，只是莊主柴大官人不會騙他。武松趕緊鬆開手，拜倒在地，任已經清醒的宋江怎麼攙扶都不肯起來：「我不是在夢裡吧？與兄長相見！」

　　這是武松和宋江在《水滸傳》中的第一次相遇。此時宋江和武松一樣，也是一名失意人。他因為怒而殺人，不得不在霜重天寒時外出躲避。從這次相見開始，直到後面十幾回的故事中，宋江都經常處於危難境地，如第 32 回裡第一次見「錦毛虎」燕順、「矮腳虎」王英、「白面郎君」鄭天壽，第 37 回裡見「病大蟲」薛永、「船火兒」張橫、「沒遮攔」穆弘、「小遮攔」穆春，第 38 回裡見「神行太保」戴宗和「黑旋風」李逵，等等，都有不少危難或麻煩。但總是在緊急時刻一報名號，對方聽到後不是「撲翻身便拜」，就是「連忙作揖」，口稱「哥哥」，就如武松這次情形一般。

　　讓武松前倨後恭，從「消遣自己的鳥人」到「似

在夢中相見的兄長」，再到危難中一報名號即令江湖中人低頭便拜，全因為宋江為人排難解紛、濟人貧苦、救急扶困，就像「天上下的及時雨一般，能救萬物」。這個名聲被傳揚開來，讓江湖中人都有聽聞，頗有些心生嚮往，像武松一樣想著前去投奔。曾經的助人為樂，今天反過來幫助自己屢屢脫難，並有了後面蕩氣迴腸的故事。

像宋江一樣，《水滸傳》中還有兩個人物也是如此，一是「托塔天王」晁蓋，二是收留武松和宋江躲避的柴進，都是「人未至，名先揚」。例如一位旅館老闆在第九回中這樣向發配途中的林沖說起柴進：「專一招接天下往來的好漢，三五十個養在家中，常常囑咐我們店裡：『如有流配來的犯人，可叫他投我莊上來，我自資助他。』」還沒見到柴進，就已經從周圍老闆們的話語中熟悉了這個人。等到柴進失陷高唐州時，梁山泊好漢們提到「柴大官人自來與山寨有恩，今日他有危難，如何不下山去救他」，立刻派出 22 個頭領和八千兵馬前去搭救。

看到這裡，那句話便呼之欲出：人們天生自然會親近於幫助自己的人。

像長輩一樣關懷用戶

　　相比企業將自己的關係角色定義為晚輩（我很可愛）或平輩（我很可信），在上述案例中我們看到的是另一種親密關係的締結：讓用戶處在晚輩的角色中，而品牌可以時時關心和關懷用戶。

　　我因此將從長輩出發的親密關係概括為「我很可親」。

　　在理解這種親密關係的模擬和經營時，經常會與「讓用戶視如己出」的親密關係混淆。例如，我們明明在前述保健品案例中看到，老年人被激發出了想要呵護銷售人員成長的感受，據此指導青澀的銷售人員如何賣商品；當老年人看到經常陪伴自己的銷售人員需要業績時，也真金白銀地投入，希望幫助他們取得成功。這難道不是從晚輩角度出發的親密關係嗎？似乎企業仍是晚輩。

這是細節過於強大帶來的錯覺。從全貌來看，保健品公司扮演的是長輩的角色。根本在於，企業從用戶角度出發，在時時陪伴對方的過程中洞察用戶需求——及時且主動提供，甚至可能用戶自己都沒意識到，你就已經想到並提供了。

　　相比其他兩種親密關係，從長輩角度出發的親密關係特點也非常明確，營運門檻略高，傾向於客製化的深度服務，因此適合於已經占有一定市場地位的大企業和知名品牌，或利潤率較高的鑽業。

　　並且，這一關係非常適合從客服角度出發來構建。只是也如前文所提及的，如今改造和優化客服流程以和用戶建構關係營運的企業看起來非常少。至少在見實追蹤的案例中，可用「罕見」一詞來形容。

退貨率從 3% 降到萬分之二

「人們天生自然會親近於幫助自己的人」，其所發揮的作用和涵蓋範圍均比想像還要好。

2019 年 3～4 月，我和「你我您」的執行長劉凱有過多次深聊，那段時間，我們系統性地訪談了十餘家社區團購新創團隊，還幫助微信完成了一些公開課內容的溝通和錄製工作，並在 4 月底和 12 個新創團隊一起發起以「如何在小程序上建立收入模式」為主題討論的直播活動。這些場合為我們深聊很多現象時提供了便利，其中劉凱提到的幾個小數據讓我印象深刻。

第一個數據是回購次數。在我們 3 月見面時，「你我您」的用戶月回購數據是六～八次，即平均每個用戶每月透過「你我您」小程序下單六～八次，到 4 月初錄製微信公開課階段，這個數字穩定在了八次，4 月底直播時，這個數據又上升到了 8～12 次。

第二個數據是團購主銷售數據的差別。當時，優秀

團購主的月營收在 38 萬元左右，普通團購主的及格線為三萬元。我們以為這些差別會由社區大小、團購主組建了多少個群組等因素決定，其實不是，劉凱說是背後的「信任」和「情感」決定的。就信任這個關鍵字，我們已在前文中詳細討論，那麼情感又怎麼對回購和提升營業額這些關鍵數據造成直接影響呢？

過去「你我您」對微信群組營運的認知是群組裡最好只聊商品販售資訊，不要聊太多不相關的訊息。但工作人員在後續營運中發現，銷售金額高的團購主在群組裡發揮的是「萬事通」的作用，即任何成員（鄰居）提出的生活需求，他都會盡量給予幫助，例如迅速提供修水管、開鎖等店家的聯絡方式，解他人燃眉之急。這使群組聊天涉及的範圍愈來愈廣，熱鬧程度甚至超過社區業主的群組。

從關係層面看，社區團購建立在「鄰里關係＋微信群組」的基礎上，但如今鄰里關係並不如過往那般密切，在都市化過程中，很多用戶哪怕在同一個社區住了十年，都不知道鄰居的姓名。在這種情況下，萬事通顯然增進了鄰里關係。這個現象還引發了另一個變化，也

就是第三個數據。

2019 年，「你我您」測試推出一項服務，只要用戶認為商品不好就直接退貨賠錢。服務推出前，劉凱預計退貨率會在 3% 左右，根據這個推測準備了相關預算。一段時間後，實際退貨數據顯示，最終退貨率只有萬分之二。劉凱發現：團購主在群組裡隨時提供服務增進了鄰里關係，讓很多用戶在退與不退間做出了選擇。

我在聽到這一數據和劉凱的觀察時，首先的理解是人在提供服務，其次是再度強調「人們天生自然會親近於幫助自己的人」，因為萬事通服務讓用戶親近於提供幫助的團購主，不僅願意在這裡多買需要的商品，而且傾向於不去「麻煩」他。

後來，「你我您」還測試了很多服務，例如在販賣水果生鮮之餘嘗試銷售汽車、房產、旅遊、教育等產品，發現效果都很好，這與信任的建立不無關係。

我們再以曾任《東方時空》編導的郭佳家裡經營的母嬰用品公司「生合」為例來看一看。2019 年 10 月，郭佳突然收到一篇用戶寫的筆記，長達 8000 多字，詳細記錄了其使用產品過程中的點滴感受。

對郭佳來說，這無疑是一位典型的超級用戶：購買了生合出品的全套護膚產品，參與多種新品試用、撰寫試用報告，每次週年慶和雙 11 期間都大量囤貨，向手帕交推薦產品。這位用戶在筆記中提到一個非常有意思的細節：她當時錯過了搶購護膚水的時間，為此，店長專門為她上架了一瓶，又在她下單後立刻下架。事後她寫道：「這種提供專屬上架通知和購買管道的購物體驗，相當特別、暖心。」

　　從《社交紅利》到《小群效應》，我們多次深度討論了利益驅動、互惠、利己利他等要素為資訊擴散、產品爆發提供的推動力。不過，靜心想想，會感覺到其中巨大的差異，這些要素多傾向於利益和交換本身，只是藉助關係鏈獲得了更大的擴散能力。而「人們天生自然會親近於幫助自己的人」與此不同，它揭示的恰是人們朝著締結、增強雙方的超強信任、更親密的關係而去。

　　回想我們的人生，工作多年，也能發現關係親近的人剛好都是不問事由、經常互相扶助的老友，也根本說不清楚誰幫助誰比較多一點。

親密關係與各種關鍵時刻

　　「時時陪伴」是塑造從長輩角度出發的親密關係（我很可親）的過程中一個非常重要的構成。其實這裡有種錯覺：老年人需要他人時時陪伴，因此能夠時時陪伴的不是晚輩嗎？為什麼會出現在模擬長輩的關係構建中？過去我也有點想不明白，直到後來做完前面提到的那個「你有多少密友」的小調查。人們總是需要連結，希望被照顧、被幫助或被關注，需要溫暖和情感，這是每個人的基本需求，而不僅僅是老年人，只是在老年族群中更突出。

　　如何在日常接觸（時時陪伴）中不斷建構感動和驚喜的瞬間？如何讓人有成就感？這個問題的答案比想像的要多，例如我們會看到各種時刻，第一個就是美好時刻。

　　2018 年 6 月，我創辦了見實科技，四個月後獲得了微影資本 500 萬元的天使投資，發布融資消息的當天

成為見實公眾號創辦四個月來粉絲分享量和粉絲新增量最多的一天，共有 2043 位粉絲分享了 2634 次，瀏覽量達 4.96 萬次，新增了 2482 位粉絲。

日淨增粉絲量排在第二位的是 6 月 11 日，也是見實公眾號開啟每日更新的第一天（那天群發的內容間接宣布了我創業的消息），粉絲從零起步增加至 592 人，當天共有 862 人分享了 1080 次，幫助帶來了 9932 次瀏覽。後來我曾無數次翻看這兩天及其他粉絲分享量和新增量多的日子，尋找它們的共同點。

我發現，當企業有好事發生時，朋友或用戶為企業高興並願意轉發擴散這個好消息。與平時相比，用戶在這些時刻的分享意願明顯更強。

人們不僅願意與優秀的人在一起，或者和一個「贏」的團隊在一起，更為朋友的點滴進步由衷地高興，這一刻，人們將品牌當成了自己的朋友。

我也找到了更多業內創業者，向他們求證，發現結論一致——用戶在有好消息時分享的熱情更高漲。例如，就在見實宣布獲得融資前一週，「運營研究社」也宣布融資消息（pre-A 輪獲得 1050 萬元），在那一天，

它的粉絲新增了 1.2 萬，比平時的日增量多 8000 人左右。

因此，我將這個特點稱為「美好時刻」。這帶給團隊一個啟發：**在有好消息（大事件）時，企業順勢推出營運活動，自然會吸引更多用戶／粉絲主動參與和擴散。**如果能在這些活動中多開設一些用戶參與的環節，會產生更好的效果。

2019 年下半年，我和時任華為榮耀中國區行銷長的關海濤在上海舉辦的一次產業大會上討論這個話題，他也用了一個詞來形容類似的場景──「榮光時刻」。關海濤提到：要讓用戶感受到產品或品牌在特定時刻帶來的榮光，要讓用戶享受到這種榮光。換句話說，用戶在推薦或幫助企業時，內心是真正開心且自豪的。

用戶在提到企業超強的研發能力時，會臉上有光；在競爭激烈的市場上占有絕對地位，會臉上有光；在國家某些地區或群體有困難時，企業毫不猶豫地伸出援手，用戶看到時會臉上有光；當企業無微不至地關心用戶，使用戶經常感受到驚喜時，臉上會有光；當用戶向好友提及和推薦這個品牌時，臉上有光的同時還會為信

任帳戶加分。

　　各種時刻的構建，業界可以提供的參考其實非常多。西恩・艾利斯（Sean Ellis）就曾在《成長駭客攻略》（*Hacking Growth: How Today's Fastest-Growing Companies Drive Breakout Success*）一書中強調，要打造「啊哈時刻」，即讓用戶在體驗產品的過程中留下強烈的印象，並充分激發用戶的思考和情感，產生共鳴，或在社群中找到共鳴。更具備體系的參考則不得不提《關鍵時刻》（*The Power of Moments: Why Certain Experiences Have Extraordinary Impact*）一書，作者開門見山地在第一章中給出結論：在評判體驗時，我們並不會取每分鐘感受的平均值，而是容易記起意義重大的時刻——高峰、低谷以及轉折點，這些決定性時刻基本由四種因素構成，分別是欣喜、認知、榮耀、連結。

　　我這樣理解這四種因素：欣喜是超越日常生活的體驗；認知是讓用戶看清某一事物的原貌，在某一時刻獲得影響自己很長一段時間生活或工作的領悟（「我要環繞這個問題去創業了」等重大決定）；榮耀是所記錄的最輝煌的時刻；連結則是在婚禮、慶典、演講和體育活

動等社會性場景中使群體的感情更牢固。其中的一種或多種不同因素會構成用戶享受企業服務過程中的一個個決定性時刻。

在親密關係的範疇內，用戶和企業的接觸點更多，次數更頻繁。每個決定性時刻的運用都聚焦於兩個方向：讓品牌和用戶的關係更親密，或者用戶借助品牌釋放的資訊和好友的關係更緊密。因為「關係」和「連結」的存在，各種時刻的打造也更精細。

超級導購的高層李治銀曾與我長聊，提到過一個案例，2020 年新冠肺炎大流行期間，他看到超級導購服務客戶的門市中，有一家業績不降反增，便去實地考察，發現那家門市地點在主街旁的一條巷子裡，平時客流量極少。疫情對實體門市的打擊非常大，某種程度上卻推動了私域流量這股新浪潮的爆發，與 SARS 時期電子商務快速發展類似。在消費者減少外出的情況下，線上購物成為主流消費方式。因此，在絕大部分實體門市業績普遍下滑的情況下，弱勢區域門市的業績反而有所增長，自然引起了李治銀的關注。

詢問後得知，原來，那家門市的店長要求團隊與

常客在微信上保持互動，熟悉他們的購物頻率後，每當購物週期臨近，店長就會主動為常客送去一杯咖啡或奶茶。公司安排團隊出國學習、旅遊時，店長還會想著為常客帶禮物。有一次團隊完成業績目標後去日本旅遊，帶回了一大行李箱的面膜，他們給每個老顧客都送上幾片，甚至主動送上門。

這也收獲了顧客的反饋和真心，比如說旅遊時也會帶回零食分享給店員。長此以往，顧客和店員建立了像摯友一樣的情感連接。回購和轉介也就成了自然而然的事，因此當其他門市業績受到疫情影響時，這家門市能逆勢而上。

企業和用戶建構親密關係、展開私域營運，可以關注一個很小的要點：店員透過互動和顧客擁有了許多美好時刻，理由或許是「出國旅遊」、「秋天到了，幫大家訂杯奶茶」等等。

同樣是在 2020 年新冠肺炎大流行期間，當時在企業家圈中有一篇文章引發了大討論，是關於西貝餐飲董事長賈國龍的報導，他在接受採訪時說（受疫情影響）公司的現金只夠再給員工發三個月的薪水。報導引起了

從業者的極大共鳴：如果連業內知名企業都難以渡過難關，中小企業的生存無疑更加艱難。此後一段時間，媒體大規模報導了實體門市從業者的困境。

在那段時間，消費者也在關注西貝，只是和企業家的視角不同，消費者看到的是口罩和溫暖。當時在微博和微信群組中，常見用戶分享類似的資訊：「在這個寒冷的冬季，在物資如此緊缺的情況下，收到店家的一個口罩讓人頓時心生暖意，希望這個冬天趕快結束！」

西貝的這個舉動令許多消費者感動，紛紛在網路訂購西貝的食品，因此在新冠肺炎大流行期間，西貝的線上營業收入占了總營業收入的 80% 以上。

後來我和朋友們討論上述兩個小案例時都會提一個問題：請問，超級導購的門市和常客之間、西貝和消費者之間模擬的是哪種親密關係？

雖然李治銀在回頭檢討案例時明確提到「客戶和店員建立了像摯友一樣的情感連接」，但實際上店員不自覺地扮演的是類似長輩的角色——定期關心顧客。就像今天為人父母的我們，外出工作、學習時總是想著帶點禮物回來給孩子。西貝也是如此，他們想到疫情中的

「親人」無處搶購，就像長輩那樣想辦法擠出點存貨分發。

在這裡，並不是說商家就是長輩，而是他們經常且主動關心顧客，在各種場景中主動創造關心顧客的時刻。而在日常營運中，或許這幾家公司都沒有意識到自己是在模擬這種親密關係。

不管是榮光時刻、美好時刻，還是其他時刻，根本其實是在企業和用戶之間建立某種情感連結，乃至於顧客在數年之後早已忘了企業做過的事情，卻還記得自己曾為之激動、欣喜。

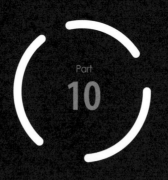

關係的建立：如何從
陌生走到親密

在關係大崩塌中，一起做件事、確立自己被需要的角色等
事項是使關係從陌生到親密的要素。與之相輔的還有地域
和血緣等，但是能讓親密關係一直維繫下去的，只有價值
觀。

無論企業模擬哪種親密關係，可產生的商業結果都足夠誘人。需要再次強調的是，在親密關係的推動下，超級用戶會在轉換、分享、轉介和回購這四個關鍵行為方面做出巨大的貢獻。而且，三種親密關係所做的貢獻並無差異，不同之處只是用戶會認定自己和企業是什麼關係類型，以及有多親密。

　　我梳理了三種親密關係適合的企業類型、要點及引發的關鍵現象（見表 10—1）。

　　回到見實自身，我們非常關注社群媒體開啟的新商業浪潮，包括現在的私域和 DTC 等，每天最基礎也是最重要的事情就是一家家地約訪各大品牌私域團隊和從業者，期待能梳理出成體系的方法論。2022 年，我們訪談的團隊早已囊括市場上絕大部分私域標竿，基本分為兩個方向：一是品牌和海量用戶直接模擬和構建親密關係，二是品牌借助自己的員工、導購或 KOC（Key Opinion Consumer，關鍵意見消費者，包括團購主、導購、群主、超級用戶等）和用戶維繫關係。

　　在這一基礎上，見實在內部檢討時發現建立在 KOC、導購等基礎上和用戶維繫關係的私域營運模式在

親密關係的類型	要點	關鍵現象	適合的企業類型
平輩 (我很可信)	強調用戶投入產出比，即用戶以最低的成本獲得最佳收益；品牌必須可靠且能夠承載信任，能讓用戶在向好友推薦時提升自己的可信度	前置營運（在高度信賴下，用戶願意提前支付費用）、躺贏時代（用戶希望用最低的成本獲取最好的服務）、價值觀制勝	適合絕大部分企業，尤其是重視技術和服務的企業
晚輩 (我很可愛)	鼓勵用戶參與「養成」企業，相比產品的完美程度，用戶更在意關係的親密度、產品的迭代速度及自己的	品牌特權（用戶容忍品牌犯的小錯）、時時成長（要讓用戶感受到企業的成長速度）	特別適合新創品牌
長輩 (我很可親)	人們天生自然會親近於幫助自己的人（時時從用戶角度出發滿足用戶需求，就像長輩關愛晚輩一樣）	榮光時刻等各種時刻（在和用戶接觸的過程中，照顧好用戶）、時時陪伴（建立起情感連結）	適合領先企業和知名品牌，或利潤率較高、重服務的企業

表 10 － 1

當下的私域案例中占比 90% 以上（甚至更高）。而和用戶直接構建親密關係的品牌實際占比不超過 10%，並且用戶營運多處於非常粗糙的狀態。比如說大部分都只是簡單、定時群發促銷廣告（或優惠資訊），而非我們通常想像和需要的優質的客製化服務。

品牌直接和海量用戶模擬和建立親密關係，或者更準確地說，在品牌的努力下，許多用戶都認同自己和品牌之間形成了某種親密關係（一對多地模擬建立和增強某種親密關係），是一件非常難的事情。顯然，借助KOC和超級用戶搭建私域營運體系更簡單，並且更容易看到效果，因此更多的企業選擇了這一方式。

2021年10月，見實團隊還完成了另一項工程：九人團隊在幾個月內調查了四萬多家展開私域營運的企業，在收回的2000多份問卷中，排名第一的難題正是導流新用戶——近500家企業困惑於此（見圖10—1）。

翻閱日常的調查和訪問，我們強烈地感覺到，雖然每天都在討論品牌和用戶間不同類型的親密關係，以及企業構建親密關係需要準備的策略和方法，儘管我們已經知道親密關係會幫助品牌獲得更多的超級用戶，實現增長，但是「品牌和用戶建立親密關係的難題並不是要達成何種關係、能夠親密到什麼程度，而是如何開啟這段關係」。

品牌和企業要如何做才能和數以百萬、千萬乃至更多的用戶走過從陌生到親密的階段？

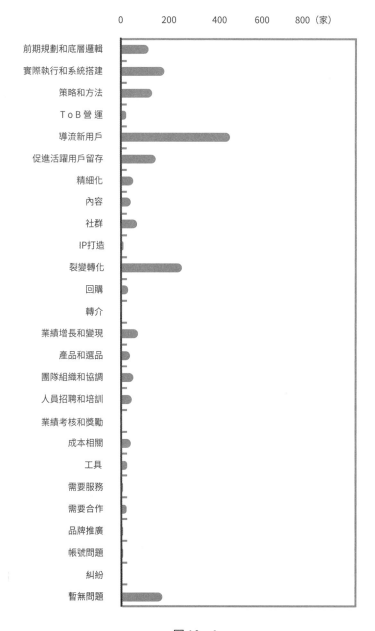

圖 10－1

血緣和地域

　　微信讀書在每週推薦中向我推薦過一本社會學專著《熟人社會是如何可能的》，作者是河南農業大學副教授宋麗娜，書中討論了一個非常有趣的話題——鄉村社會的自己人認同。在該書敘述的大背景下，血緣關係結構和農民的自己人認同是理解農村各種社會現象的基礎，也彰顯出不同的行為邏輯。宋教授在書中引用了一個既有結論：「自家人是運用親緣關係的身分特徵確定的，自己人則是借用擬血緣關係的交往特徵確定的，也就是說透過比擬血緣關係而建構自己人關係。」

　　本書討論的在企業／品牌和用戶之間模擬和建立親密關係與宋教授的結論相似，因此我格外留意和閱讀宋教授在書中的表述：「在農民的日常生活中，『自己人』是最重要的社會支持網絡。在對是否屬於自己人這一問題進行考察時，筆者是透過一個問題來衡量的，即『如果兄弟和人打架，你遇見了會不會上去幫忙』，如果被

調查者不假思索地回答『會』，那麼這意味著農民骨子裡就是把兄弟看作自己人，認為幫兄弟忙是天經地義且可以不問緣由的事情。在親密的兄弟關係中，打架幫忙就是一種姿態，就是自己人的姿態，這意味著**自己人認同的意義要遠遠大於幫忙打架可能帶來的風險。**」

宋教授認為，自己人認同在農民日常生活中的含義一分為三，分別是信仰層面（祖先崇拜與同根意識映射在生活中，自己人依附於農民的血緣關係之上，農民可以不問理由地把族人當成自己人）、社會層面（榮耀時分享，困難時相幫，自己人就是在輿論和道義上的社會支持網絡），以及功能層面（日常生活中的互助和合作、農民日常往來的需要、紅白喜事中的互助合作等，自己人圈子就是一個互助與合作單位）。

透過這些敘述，我們彷彿又看到了「親密關係」、「超級用戶」和「品牌特權」等關鍵字。宋教授簡略提到，血緣和地緣關係是農村社會基本的社會關係，可以協助農民構建自己人認同。差別在於「血緣關係是形成緊密的自己人認同的關鍵，而地緣關係只能形成鬆散的自己人認同」，認同也因此具有了不同的性質。

富力俱樂部的球迷

　　我們也可以在商業世界中感知到地域（也就是剛才提及的地緣）是如何幫助企業／品牌與用戶形成親密關係、獲得超級用戶的。

　　在好友蔡斯的推薦下，我得以進入富力足球俱樂部，觀摩他們是如何營運俱樂部的。我是一個純粹的足球門外漢，記得在騰訊工作時還曾鬧過一個笑話，當時支援世界盃報導專案，在一篇文章中將世界盃和歐洲盃搞混，被網友在評論中指了出來。然而追蹤「超級用戶」和「親密關係」這個大話題時，體育是繞不開的領域。現在，富力俱樂部已更名為廣州城足球俱樂部，也受到了足球政策變化（局勢）的影響，不過，為了表述簡便，我在此還是沿用調查時的名稱和當時記錄的數據。

　　那時是 2018 年 5 月，印象最深刻的是當時遇見一

位球迷祥哥。 1964 年出生的祥哥告訴我，每當富力足球隊在當地有比賽時，他都會帶著其他球迷一起，提前三四個小時入場布置，例如準備吶喊助威的道具，或是詢問現場有什麼需要協助的事情。球隊外出比賽時，祥哥也會跟隨前往客場助威，一年至少兩次。他簡單算了一下一年中花在這些事情上的費用，不低於一萬元。

我好奇地問他：「你覺得自己和俱樂部之間像什麼關係？」祥哥想了想回答說：「像兄弟！」從這些敘述看，他也是一個典型模擬親密關係中的超級用戶，投入了大量時間和費用在自己喜歡的球隊上。

富力俱樂部當時提供給我的數據顯示有 11 個球迷會，總人數約 5000 人。正好在我去訪問前的一個月，富力俱樂部對這些球迷進行了一次調查，也將結果跟我分享（見第 295 頁圖 10-2）。

祥哥這樣的超級球迷都非常喜歡富力在本地的球員選拔，喜歡他們提出的「復興南粵足球」的方向，最終在調查結果中被用「本土化」、「南派足球」、「技術傳控」等詞語概括出來。其實，祥哥身上還有一個更重要的因素：他就住在越秀山體育場（富力俱樂部的主場）

附近，也一直在這個球場看球。

在訪問富力俱樂部之前，我特意去《體壇週報》辦公室求教了其總編輯駱明，他告訴我，球迷忠誠的幾大因素中，首先就是地域因素，因為球迷可以參與其中，其次是勝負（能否一直贏也很重要）、陪伴（長期勝負、長期成長）等要素。對一支球隊的認同感則源自其文化氛圍，球迷會在一開始就被球隊文化吸引，然後內化成自己性格的一部分，是一個相互影響的狀態。這已經超出球場本身。

對富力及其競爭對手的品牌形象認知

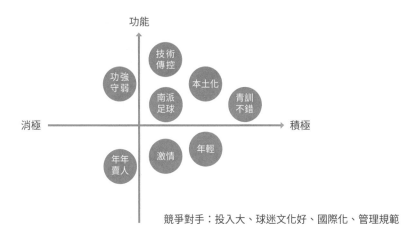

競爭對手：投入大、球迷文化好、國際化、管理規範

普通球迷

從回應上大多數受訪者對富力缺乏情感上的認同，比較側重一些表面的行為認知，其對競爭對手的感覺也是比較表面化的。

這一類人的轉換很有挑戰性：
——透過熱門賽事
——透過熱門球星
——透過周邊活動
——透過球票優惠
——長期建立品牌形象（宣傳標語）

圖 10－2

事情是最好的媒介

　　日本 NHK 電視臺的記者留意到此前做節目時遇到的一位採訪對象失去了聯繫，他們擔心這個人是不是已經「在什麼地方孤零零地死了」。這樣的擔心不是沒有道理，記者們早就注意到，在日本，「身分不明的自殺者」、「路邊猝死」、「餓死」、「凍死」之類的「無緣死」一年中多達 3.2 萬例。

　　他們所謂的「無緣」是指沒有社交關係，沒有社交關係的社會自然被稱為「無緣社會」。近幾年來，日本無緣死的死亡人數在不斷成長，記者們決定去追蹤這個現象，採訪就從屍體無人認領、孤獨終老的無緣死現象開始。像刑警追查案件一樣，記者從「死亡現場遺留的極為細微的線索探尋一個個死者的人生軌跡」。

　　他們知道當今是一個任何人不與別人交往也可輕易地獨自生活的時代，也知道這些無緣的人在過去幾乎都是和自己一樣的人。但現實是，許多人正一點一點地與

社會失去關聯，開始獨自生活。在採訪的過程中，記者們看到：

- 與故鄉和同學的關係在崩塌，第一個追蹤的亡者與年輕時一同求學的同學十幾年都未曾聯絡，就更別提瞭解現狀了。
- 親戚關係都在漸漸淡去，政府部門社會福利管理科告訴記者，很多親屬不願意前來認領遺體或骨灰，「說自己是遠親，跟死者已經十幾年沒有來往了」。
- 社區鄰里之間聯繫愈來愈少，當年「一年到頭都有居民們舉辦的活動，如今只在每個月一次的清掃活動時，大家才有機會碰頭」，甚至到了連居民姓名簿都編不出的地步。
- 婚姻的消失，15.2% 的日本人選擇不婚。
- 與工作失聯，一旦失去與工作的關聯，就會暴露出與世隔絕的孤獨面。

尤其是家庭和工作，是人們生活中最主要的關係，它們的缺失讓日本出現了很多嚴峻的問題，例如一些死

者甚至過了好幾週、好幾年才被發現，很多遺體無人認領。連最被看重代代相傳的家族墓地，也漸漸無人打理。說是社會悄然巨變，也毫不為過。

由這一系列採訪剪輯而成的紀錄片就是《無緣社會》，後來據此整理成同名圖書。這些在十餘年前（2009 年）開始的採訪，哪怕現在翻開也會看得心有戚戚焉。

讓人唏噓的是，現實生活中人們正在漸漸失去現有的親密關係，或者忙不迭地逃離曾經讓人們引以為豪的大家族、大家庭，卻又藉助虛擬的社群媒體努力在企業和用戶之間模擬和構建這些親密關係。現實生活中失去或丟棄的，反而希望透過模擬來填補，這真的能行嗎？

好在記者們沒有停留在簡單現象的描述上，他們開始追蹤觀察一個名為白濱救援站的非營利組織，以期找到「孤獨的人如何建立關係」這一問題的答案。剛加入幾個月的河上君作為採訪對象進入了記者的鏡頭，這位同時失去了家庭和工作兩個強關係的「無緣人」，現在找到了一件事情做——每天將豆腐渣做成餅乾，他覺得豆腐渣變成點心的過程像極了他重新找到生活意義這件事。一同陪著他工作的還有那些因無緣而聚在一起過集

體生活的人，甚至包括前一晚剛被救過來的輕生男子。河上君直言勸他，不要獨自冥思苦想，碰到什麼事情就和大家一起商量。在幫助他人的過程中，河上君感覺自己又重新出發了。

人們圍坐在一起做餅乾、一起洗刷使用過的工具、互相招呼、感謝他人的幫助，也一同排練，為即將到來的聖誕節聚會準備節目。在排練中，幾位連音符都認不全的大叔一次次失誤，又微笑著互相鼓勵。到最後的表演時刻，臺下觀看表演的人並沒有因為他們出錯而嫌棄，就像朋友們在一起時一樣，為他們鼓掌加油直到圓滿結束。記者們發現，經過這些事情，曾經失去的關係又被重新建立起來。

回顧整個重建關係的過程，其中三個組成部分非常關鍵：

- 找到可讓人們建立關係的事情；讓人們有各自需要做的事情、各自需要待的地方，互相幫助、相互回應對方所做的事情，甚至可以是一件微小的事。

- 建立關聯的場所，在家庭、公司、故鄉等強關聯之外，人與人之間的強關係在這個場所能夠重新建立起來。可以是類似於白濱救援站的場所，也可以是類似於一起做豆腐渣餅乾、一起洗刷工具、一起排練的場景。

- 幫助參與者找到自己在關聯中的存在與角色，讓每個人都意識到自己不可或缺，哪怕是幫忙做飯、圍坐在一起做餅乾。也讓人能夠從中找到幫助他人的地方，就像曾身處困境的河上君在幫助他人走出困境中汲取力量。

為什麼要先找到一件事情？在陌生人之間，關係的構建需要一個媒介。就像 20 世紀 70～90 年代，男人之間遞上香菸就是最好的媒介，現在，隨著禁菸運動的興起及虛擬生活的不斷放大，人們需要一個新的關係媒介，事件就成為構建關係最好的媒介，尤其是擁有關係特權的新事件。

三種親密關係都為用戶在不同事件背後所能扮演的角色提供了參考：一是在企業自居為晚輩的親密關

係中，用戶可以參與養成這個品牌；二是如果企業認為和用戶是兄弟，用戶在強信任下願意提前付費預訂某項服務；三是企業如果自居長輩，則要時時陪伴自己的用戶，看到用戶有難處時要伸手援助。

如果回到三個增長飛輪中，六大驅動力之上誕生出了許多強而有力的增長策略。不過，縱觀第一批由它們濃縮而成的六個字——「併、幫、殺、送、比、換」，會發現他們多由三大驅動力（關係驅動、利益驅動和榮譽驅動）分別組合而成，事件驅動、興趣驅動和地域驅動還沒能發揮作用。

不必擔心，社交網絡中任何一個促成大增長、大裂變的策略，根本力量都來自「可讓好友之間關係更緊密的互動行為」。當關係走到了親密這個節點時，剩餘的三大驅動力（尤其是事件驅動）就要開始發揮關鍵作用了。

事件的根本有兩個，一是形成了各種時刻，二是會吸引用戶主動投入更多時間。在「我很可親」的關係中，我們看到時時陪伴帶來的關係躍遷。實際上，增進關係有賴於互動本身——人們投入了 60% 的時間在親密關係的互動上，反過來，花在某件事情上的時間愈

多，增強親密關係的效果愈明顯，即人們做得愈多，就會愈多地傾注自己的情感，建立更強大的情感連結。就如同河上君幫助剛加入的「無緣男子」時感覺自己也在重新出發、孤獨的老人看著青澀的銷售人員忍不住出手指導、住在附近的祥哥成為富力俱樂部的超級粉絲、門市店長為常客訂購一杯奶茶或咖啡、《贅婿》的書迷幫助作者衝上月票榜第一名。

不過，事件和時刻並不僅止於此，事實上，還有極大的擴展，比如說最近我參與了一個廣告節獎項的現場評審，看到一個很有啟發的案例。當時現場有一個中國短影音 App 快手 2021 年春節期間的行銷案例也在爭奪各大獎項，工作人員在回顧案例時提到，打造「長線現象級事件」會為行銷提供想像不到的幫助。她在解釋這個「長線現象級事件」時用滴滴紅包舉例：用戶可以不斷地發送和領取紅包，並樂此不疲地持續下去。在實際運用時，快手乾脆在春節期間每 60 秒就發送一個超級紅包供用戶「搶」：每當一個紅包發完，一個新的 60 秒倒數計時又繼續滴滴答答在手機上開始。試問這樣的「事件」誰人不心動？

蘑菇租房的會員體系與進階

接下來是如何占有用戶的更多時間。

2019 年年底，微信上流傳著一份 300 多家當年創業失敗計畫的名稱列表。那份名單或許只是開始，因為在最近兩三年的市場大變局中，房產、K12 教育*、遊戲、飯圈、長租公寓等領域都因政策或市場環境變化而劇烈波動。就在這樣的氛圍中，我和蘑菇租房的聯合創辦人田東嶺進行了一次深聊。

事情要從 2019 年年初說起，那時田東嶺在小圈子中和朋友們提到，他們正在危險的黑暗時刻中展開自救。此前蘑菇租房幾乎一直處在巔峰時刻，身處產業第一，B 端客戶數量超過三萬（這時產業第二名的客戶僅 3000 多家）。一路高歌猛進的他們吸引了來自阿里的戰

---

* 幼稚園、小學和國高中教育合在一起的統稱。

略支持，支付寶將珍貴的大流量幾乎免費提供給他們。2018 年下半年，他們順勢開啟 D 輪融資談判，通常，這輪融資完成後即意味著臨近上市。談判中，投資方給予其極大的肯定，連投資協議都早早簽好。

危機比想像中來得迅速且凶猛。就在投資款將到未到之際，整個融資大環境一下子變得不那麼好了，並直接牽連投資款項遲遲未到帳。此時蘑菇租房還在按照新融資到位的規畫，猛踩市場油門，免費提供所有服務，甚至每月提供給客戶的補貼就達 300 多萬元，公司每月的平均營運成本也超過 2000 萬元。融資變故頓時讓蘑菇租房陷入困境，如果不能走出來，可能 2019 年失敗者名單上就會有這個團隊的名字。這就是田東嶺提到的黑暗時刻。

田東嶺詳細制定了團隊自救策略，第一個動作是立刻停掉補貼，將所有免費項目變成收費項目。當時團隊還擔心會不會導致數據狂跌，待第一個月結束後，團隊鬆了一口氣：客戶活躍度只下跌了 20%～30%，大部分客戶留了下來。就在這個月，客戶總計支付了 500 多萬元，幫助這個團隊活了下來。

我在 2019 年年底約訪田東嶺，就是想知道蘑菇租房的後續發展如何。他告訴我，有近 4000 家客戶在付費使用蘑菇租房服務，很有可能順利走出黑暗時刻。他在翻查客戶名單時發現了一個有意思的特點：付費客戶和蘑菇分有著非常明顯的關聯（見表 10-2）。

蘑菇分	已轉換比例（%）
≥ 800	92.2
500 ≤ x < 800	84.4
300 ≤ x < 500	54.1
100 ≤ x < 300	46.3
< 100	3.9
付費企業占註冊企業總數的 11.5%	

表 10 - 2

蘑菇分為 800 分及以上的客戶，有 92.2% 轉換為蘑菇租房的付費客戶。第一批迅速支付費用的客戶幾乎都屬於最活躍的前 1000 家客戶。蘑菇分為中間三個等級的客戶，轉換為付費客戶的比率分別為 84.4%、54.1% 和 46.3%。蘑菇分不足 100 分的客戶轉換為付費客戶的比率則銳減到 3.9%。選擇離開的 2 萬多家客戶幾乎都是使用深度不足的。

田東嶺認為，蘑菇分反映的是客戶對服務的依賴程度，分數愈高，依賴度愈高，分數低則說明客戶的使用深度和依賴度都不夠，自然無法轉換為付費用戶。

　　蘑菇分是蘑菇租房在 2017 年設計、推出的虛擬積分制度，用來計算和衡量客戶的活躍及黏著程度，體現客戶對平臺的價值（見第 308 頁圖 10－3）。當時以免費提供服務切入市場的蘑菇租房團隊希望看到更大的傳播規模，以便盡快涵蓋潛在客戶。而免費模式的關鍵是驗證產品和客戶需求的貼合度，用一個指標來瞭解客戶的健康情況、衡量和劃分客戶活躍層級，就是一件值得做的事情。

　　蘑菇租房最初這樣設計分值的參數構成：

蘑菇分＝（經營規模＋系統管理＋網路收租）× 系統活躍度

　　算式中，前三個參數分別代表著出生背景標籤、系統使用黏著、對支付的貢獻。這是蘑菇租房團隊最關心的三個層面：出生背景標籤（經營規模）指愈大的客戶和企業，合作愈優質；系統使用黏著（系統管理）的背後是蘑菇租房推出的整套 SaaS（軟體即服務）管理系

統，受所處的公寓管理產業複雜性的影響，日常管理甚至可以拆分成幾百個功能點，使用愈多，意味著系統和客戶愈契合；對支付的貢獻（網路收租）則意味著信任和反饋控制，因為如果沒有收租功能，可以將管理系統做成單機版，無須和蘑菇租房有過多交流。系統活躍度則代表客戶的活躍程度。如果活躍度過低，上述設計再好也是空談。

設計這套計分表時對應的是早期免費階段，一方面，透過積分能更瞭解客戶，只有做到瞭解，才可以引導客戶往某個方向發展；另一方面，如果在平時，只需根據公司的階段性戰略對權重比值及時調整。當企業進入付費階段後，重要指標變成了付費率、續費率、單價金額等。

在分數引導下，蘑菇租房清晰地看到了自己的超級用戶在哪，並得以提供對應的服務。如果進展順利，僅透過辨識和服務超級用戶，蘑菇租房或許就能夠順利走出黑暗時刻。

不幸的是 2020 年春節疫情暴發，在更大的灰犀牛*

---

* 形容極可能發生、影響巨大，但被忽視的威脅。

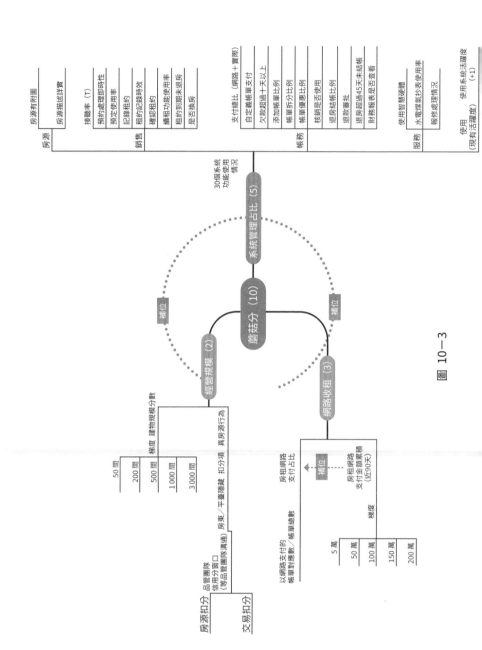

圖 10－3

面前，2021 年 2 月這家新創公司倒下，沒能最終堅持下來。創業這件事情可謂九死一生，在我創辦見實後，對此體會愈發深刻。很多曾經認為很簡單的事情，沒想到推進起來全是磕磕絆絆。新冠肺炎大流行又對許多傳統產業造成猛烈的衝擊。不去評估成敗，只說這些案例及其珍貴數據帶來的啟發。畢竟，走過的每一步在人生經歷中都算數。

回顧蘑菇租房的自救過程，我們得以再次確認，會員制一直是鎖定用戶（甚至包括企業客戶）時間的最主要方式。會員制的根本其實是用戶進階設計。

價值觀讓親密關係更穩固

　　讓人們順利在親密關係中穩固的還有價值觀。價值觀在「躺贏時代」幫助超級用戶賦予品牌強大的競爭力，也在穩固用戶和品牌之間的親密關係。

　　這一點，我在婚姻中看到了相似之處。能讓兩個陌生人最終走到一起，每天生活在同一屋簷下，婚姻大概算是關係遞進過程中最極致的觀察領域。在中國線上約會網站百合網的北京辦公室，我拜訪了時任百合網副總經理的張維作及他的同事聞賓，看到了這樣一個「親密關係 3T 公式」：

親密關係（Intimacy）＝雙向自我揭露（Talk）＋
多樣的相處經歷（Togetherness）＋ 相處的時間（Time）

　　3T 公式中，相處的時間，我們可以將其理解為時間貨幣，即相愛的人總是嫌在一起的時間太短，嫌兩人

獨處的時間不夠多。百合網在實際營運中就對「相處的時間」感受很深。通常，如果兩個陌生人相互感興趣，哪些關鍵因素會為親密關係的形成提供幫助？在百合網的無數個案中，可以發現雙方都希望有更多的接觸機會，這也成為百合網營運依據的一大原則。

整個公式實際應用到營運中，可以用「相識——確定關係——穩定關係——結婚」四大階段來概括，這也是兩人婚姻關係遞進的不同階段。

兩個相親中的陌生人在網路接觸並聊了五六次後，會轉移到微信溝通、嘗試約實際見面，如果兩人很契合，就會離開百合網，不再登入帳號。若用戶再度回來，那一定是關係搞砸了。因此，婚戀網站大概是最不追求用戶活躍和回購的行業。

在兩個陌生人相識之前，百合網就會透過一套問卷和測試來評估用戶，其中包含了價值觀。

有趣的是，很多單身人士其實並不知道自己的擇偶需求。張維作和聞賓在工作經歷中察覺，顏值、外在（如身高、地區、學歷、收入）、內在（價值觀）是三大能否形成戀愛關係並最終步入婚姻殿堂的條件。例如，男性和年輕女性都追求「顏值」，年齡略大一些的女性

不太注重顏值，更關注外在條件。

　　但顏值只是讓人產生接觸和瞭解欲望的前提，真正要締結親密關係還是依靠外在和內在。百合網累積的數據顯示，成功建立婚姻關係的人中，最終只有 10% 選擇的另一半和擇偶中的自己所列的擇偶要求相符，90%都對應不上。

　　很多時候，人們都是幻想著戀愛對象，對在接觸過程中需要哪些性格和付出都不在意。最終，某些要素會蓋過所有。比如說一個年輕女性想找一個外表帥氣的對象，但當她遇到一個對她特別好、其性格和特長（例如藝術方面和廚藝）能讓女孩產生對生活源源不斷的熱愛，她就會忽略其他條件。

　　想像中的美好一旦進入現實，就會產生心理落差乃至衝突。張維作提到，**讓關係摧毀的兩個主要因素分別是期望值和價值觀。**期望值可以理解為很多人根本不知道自己要什麼，或者正在相親的對像不符合自己的擇偶需求。價值觀則主宰著人們的生活方向與方式，影響著每個人對身邊事物的反應。如果兩個人的價值觀不一致，意味衝突、矛盾，也意味著不幸福和持續的痛苦。

這也是內在的重要構成。

簡單來說，當價值觀不符時，雙方就會在裝潢問題、收入多少、去哪旅遊等小事上爭吵不斷，最終走向分手，因此返回百合網繼續尋找合適的伴侶。

這也是為什麼兩人進入「確定和穩定的關係」階段後，張維作通常會建議用戶外出旅遊——長時間地相處和相互瞭解，在旅遊途中，個人喜好、消費習慣、和諧度，尤其是價值觀，都會充分展露出來，戀人往往能在這個階段充分認識彼此。

價值觀一致，兩人會相親相愛、相互扶持（用戶長期留存）；價值觀衝突時，也就是說再見的時候了。

讓關係開始的六大要素

看到這裡，我們再將曾提及的資訊彙總，我們正在尋找的答案就浮出水面：讓品牌和無數用戶在一對多之間建立起親密關係，可以從這六大要素入手。只有從這裡開始，才有了後續的三種親密關係，以及長期陪伴。

關係要素一：隨時隨地可觸發關係的事件。

用戶不論何時面對企業，永遠有一個事件在那裡等著他參與。這個事件的前提和基礎是讓人們相互之間可以建立聯繫，或是增強好友間的互動和親密度，或是用戶得以和企業形成關係。

例如，粉絲主動幫作者爭奪榜單、粉絲投票養成新藝人、老年人忍不住幫助青澀的銷售員，甚至包括品牌的每一個時刻。事件不在乎大小，也不在乎哪些場景和環節，甚至可以貫穿營運的整個過程。

關係要素二：隨時隨地可以互動的場景。

例如，蔚來汽車為每個用戶建立的專屬服務群組、

保健品公司為老年人建立的各種小組、粉絲為藝人建立的後援會和各種工作組，甚至包括建立私域時使用的微信和企業微信，都可以稱為場景。發起事件之後，企業可以運用和構建無數場景，來容納用戶和品牌的互動。這些場景不論線上線下、實物還是虛擬。

關係要素三：讓用戶清楚地確定自己是不可或缺的角色。

在發起的事件中，用戶非常清楚自己正在扮演的角色，以及可以做出的貢獻。這種明確不是用其言語表達出來，而是透過行動。如《岡仁波齊》的 400 位用戶變成「自來水」，不斷撰文推薦這部電影，並包 1000 場專場電影來協助；周深的粉絲面對那些可能的額外贈送利益而不妥協，堅決維護愛豆的形象。

關係要素四：充分運用地域和興趣等要素。

地域驅動和興趣驅動是社群經營的六大驅動因素之一。當品牌要與海量的用戶模擬和建立起親密關係，地域相近、興趣相近就是建立起用戶的自己人認同的重要構成。這或許是門市店長為老顧客訂購一杯咖啡，或是保健品公司舉辦老年人旅遊。

實際上，在私域浪潮崛起之初，擁有大量實體連

鎖門市的品牌率先推進並受益，原因之一就是圍繞 LBS（Location-Based Service，行動定位服務）所建立的群組、轉換的用戶催生了許多高效的營運策略。

關係要素五：讓關係持續進階的方式。

當前，企業可以輕易評估用戶的活躍指數和生命週期。只是怎麼衡量和計算用戶與品牌之間的親密值，這個問題預估會是接下來的一大挑戰。

相對應的是，用戶的持續互動和活躍進階並不難，借鑒社群經營和會員管理，都可以看到很多用戶進階的營運策略，包括高頻率帶低頻率、微互動等方式。但如何持續增強用戶與品牌模擬和建立的親密關係，則要回到三種親密關係的出發點去思考。

關係要素六：品牌和用戶要形成一致的價值觀。

百合網沒有說錯，或許只有 10% 的用戶會因顏值而選擇某一品牌，但一定有 90% 的用戶因價值觀一致而選擇長期和品牌站在一起。同樣地，價值觀衝突也是粉絲轉黑粉最快的時刻。今天中國國潮崛起的背後，也是年輕人的價值觀在產生巨大的作用，這影響了華為手機，影響了鴻星爾克，影響了許多國貨之光。

私域浪潮與商業未來

　　業界反復在問一個問題：私域的天花板在哪裡？或者說，私域的作用能持續多久？許多企業擔心這個新浪潮過於虛幻，以至於無數投入被浪費。其實這個問題並不難作答，親密關係推動了新社群紅利的爆發，也指出了私域大潮的極限。

　　百應科技共同創辦人趙雪潔與我分享過一個他們展開的調查。這個團隊曾經想評估業界私域營運的現狀，因此向用戶發出一個問題：「您認為您最多能接受多少商家的邀請？」很快地，500 多人給予了回覆（見下頁圖 10—4）。

　　71.88% 的用戶只接受不超過五個商家成為自己的微信好友；19.79% 的用戶接受 6～10 個商家；願意接受 11～15 個商家的數量最少，只有 1.04%；7.29% 的用戶願意接受 15 個及以上商家成為自己的微信好友。

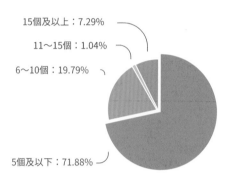

15個及以上：7.29%

11～15個：1.04%

6～10個：19.79%

5個及以下：71.88%

圖 10－4　一個用戶能成為多少個商家的私域流量

　　這組數據在鄧巴教授提出的親密關係數據範圍內。鄧巴教授曾提及，用戶 60% 的時間給了親密的 15 個人，85% 的資訊給了最親密的兩個人。換而言之，用戶對私域品牌的承載數量是有限的，品牌如果不能成為用戶的 15 個親密好友之一，就無法享受到親密關係所帶來的紅利。當然也無法模擬和增強親密關係。

　　用戶的親密關係數量就是私域的天花板。

　　而私域的本質是企業和用戶在一對多之間模擬和增強一對一的親密關係。私域是企業用戶關係經營的開

始。我們常說的私域營運，則是如何讓用戶與品牌從陌生走向親密，在每天的點滴接觸中如何遞進和增強這些關係。

後來，我和楊炯緯也深度討論了這個問題，他是一個在中國互聯網廣告發展史上寫下濃墨重彩一筆的人物，2000 年加入了創辦沒幾年的好耶網，並在 2007 年出任總裁。這家公司後來成為中國最大的網路廣告行銷公司，彼時連續幾年在網路廣告市場中排名第一，營業收入一度占據當時網路廣告半邊天。2009 年，楊炯緯又創辦聚勝萬合，並於 2016 年被 360 集團併購，楊炯緯隨即出任 360 集團副總經理。他和我長聊時，剛剛從 360 集團離職，並創辦了一家新公司，選擇的領域正是私域產業。

在他的觀察中，私域幾年後或許會見頂，但私域開啟的新商業變革才剛剛開始，這會催生一個非常長的產業紅利期，時間或許至少長達幾十年，並且規模超乎想像。楊炯緯看到的是，私域會改變科學管理體系，將產業帶領進入一個幾十年的新發展階段。

從 1911 年泰勒（Frederick Winslow Taylor）開

始，到法約爾（Henri Fayol）、馬克斯・韋伯（Max Weber），這些泰斗級人物以分工、流程化、標準化、工業化為導向，經歷100多年才初步完成這個科學管理體系，但流程管理和控制論到今天還尚未沒有結束。以我們常說的官僚體系為例，這個最早從德國軍隊體系中衍生出來的常見管理方式，要求企業在每個環節必須嚴格遵守預設好的流程，這促進了整體效能。

問題在於今天變化太快了，流程總是跟不上時代變化、客戶變化，就算很多企業不停地做流程再造，也依然跟不上市場的步伐。楊炯緯經歷多年大企業形態後愈發感受到，私域會促發其中的協同形態、溝通形態甚至組織形態以新的自我演進。

這些所謂的新形態是什麼呢？

今天的工作，我們早已經習慣在通訊群組中進行。不同部門、不同職務和職級都在，隨時拉進新的協作人，透過對話共同維護、跟進記錄並落實執行。這已經相當於自組織。只是工作不再處於所謂的流程系統中，而是進入了群組協作，進入了基於某個目標隨時和客戶、更多合作夥伴開群組建立協作自組織時代。

幾乎同一時間，我的老同事、騰訊公司副總裁欒娜也看到了類似的演變。她說，商業形態因私域而開始了不可逆的演化和重組。2021年年底，就已經有1000萬家企業開展私域營運，站在騰訊的角度觀察，看到的過程大都是企業先和服務商一起嘗試，隨後成立小部門、設置固定職務，逐漸積累愈來愈多的營運技巧並涉入愈來愈多的部門。在這家社群媒體巨頭看來，用戶如果體驗並認同了品牌圍繞親密關係、私域構建的玩法，習慣就很難遷移。今天的商業視角，包括底層技術、技術應用、經濟狀態、社會組織等，都是圍繞「人」這個核心展開。每項升級都會彼此推動，形成不可逆的進步。

　　換句話說，用戶希望並習慣了企業以即時、一對一、客製化的方式高品質地提供服務時，任何過去的流程、企業內部協作的方式、商業形態、產品的設計和提供、服務的交付流程、價格的製定等都無法支撐，必然只能跟著用戶的需求調整，所有的決策都要遷移到最前方的那個接觸點上——這當然是值得的。今天用戶在付費購買、長期回購和真誠轉介上所爆發的力量，讓曾經傳統的獲客方式相形見絀。騰訊廣告部門就曾披露，

哪怕是用了非常微量的變化，獲客成本也只有傳統的30%。

這恰恰是我在書中所強調的：親密關係會釋放新一輪社群紅利，私域流量是這輪紅利中呈現的第一波浪潮。

私域或許很短，親密關係所主導的紅利卻很長。

改變商業的不是私域，是企業和用戶之間形成的親密關係，而親密關係所開啟的商業未來才剛剛開始。

後記＆致謝

　　如你所見，本書中案例的時間跨度從2018～2022年，至少包含電動汽車、手機、足球、影視、社群媒體、教育、保健品、娛樂、電子商務、女性社群、網路遊戲、小遊戲、網路小說、社區團購、長租公寓等在內的22個領域超過37個大中型案例，小型和引用案例更多，其中絕大部分都是逐一約訪並梳理而成，許多數據都是第一次公開。

　　在寫作過程中（尤其是最後的修改階段），這個感想無數次出現在腦海：寫一本好書、相對暢銷的書並不難，難的是超越當下的思維限制，透過現在看到未來。

　　這已經是我創作的第四本書，從《社交紅利》、《即時引爆》到《小群效應》，再到本書，構成了一個「社群紅利」系列。此前幾本的銷售和口碑都不錯，每當我前往一個陌生城市或圈子，與其自我介紹是某公司的執

行長，不如說自己是這上述幾本書的作者，通常很快就會打開場面——對面的朋友或其團隊多半看過。

從第一本出版到現在，將近十年。不論是哪本書，核心數據和案例都是採訪寫作而來，第一手而且嚴謹，涵蓋產業和領域、對應現象都盡可能全面，以相互印證。這是我說寫一本好書、相對暢銷的書並不難的原因。所需的僅僅是笨功夫：悶下頭去一個個調查、約訪、搜集和整理。

整個系列明線上緊跟社群網路發展過程中的一波波增長和創業機遇，從大時間週期上看，基本上每過三年便會萌生新的趨勢。其中也有幾條非常值得一提的暗線。

暗線之一是豐饒經濟與用戶投入產出比，即實際生活中，用戶總是希望投入愈來愈少，獲得愈來愈多。而當用戶身處什麼都不缺乏乃至豐饒的環境中，產品和服務要好到什麼程度才是用戶所希望獲得的？

暗線之二是不同關係所促發的不同商業現象：《社交紅利》作為開始，記錄了社群網路及「關係」如何開始對我們的工作和生活施加影響；《即時引爆》是在弱

關係的廣場形態中，用戶的「好奇、共鳴、想學」帶來了意想不到的即時爆發現象，以至於一個輕量產品能在短短數天內席捲海量用戶；我將《小群效應》中的小群定義為強關係，每個用戶活躍的小群基本是熟悉的、由符合「三近一反」特點的朋友們所構成；本書則直指親密關係及其勢能。

雖然我們在不同階段採取的應對措施明顯不同，但仍要強調：不同階段並不是非此即彼，相反地，企業在過去幾個階段基礎愈強大，在新階段就愈發得心應手。例如，在當下超級用戶為核心，企業不斷推進、增強自己和用戶的親密關係時（在這一刻，大家更習慣私域流量這個說法），廣告投放、社群經營、內容經營等反而是被採用最多的基礎營運策略。同樣地，在我們針對四萬多家營運私域的企業所進行的調查中，用戶增長也是排名靠前的企業剛需。

本書本不應耗時四年，中信出版社編輯劉子英早和我約定好在 2020 年出版本書。那時上個版本的書稿已經有 400 多位朋友完成試讀並給出了修改建議，但我一停就是一年多時間，恰恰是因為思維限制──不是眼界

不足，而是變化太快，以至於我們隨時有被時代甩開的危險。

例如，2017 年起，小程序是最熱門的創業領域，2020 年新冠肺炎疫情爆發，小程序迅速由虛轉實——由大家認為是一個創業新大陸變成了私域三大轉換應用場景之一（其他兩個分別是社群、官方導購）。小程序從幾個月內迅速獲得多輪風投變成了無投資人問津，但產業數據顯示小程序在 2021 年至少實現了 3.2 萬億元的電商銷售規模。

社區團購也是如此，2018 年年初開始從長沙興起的新模式迅速成為資本的最愛，並在 2020 年新冠肺炎大流行期間受到官方媒體的盛讚，卻在 2021 年大退潮，許多新創團隊因堅持不下去而倒閉。

它們都和社群網路帶來的市場變化緊密相關，和局勢緊密相關。

而且最常見現象是，玩法不敵局勢。

本書雖然明確「私域浪潮」——這個詞從誕生之日起就受到許多用戶的冷嘲熱諷，他們不願意讓自己成為其他品牌的流量，甚至企業微信早年也迴避提及。但市

場發展比想像中迅猛，到本書出版時，私域已是浩浩蕩蕩、不進則退。

有趣的就在這裡，即便今天產業充分認同私域確實是一個影響未來很多年的新浪潮，我常被問及的問題卻是它能持續多久、發展到多大？

我創辦的見實深耕於此。但是，我對這波浪潮的認知可用寫在本書中的一句話來回答：親密關係促發了社群紅利新浪潮，私域只是其中第一朵小浪花。

這正是我在書中並不是言必提及私域的原因，相反地，更多地圍繞親密關係的本質展開。親密關係的種種特質會在更長時間、更大範圍內影響業界──其實現在已經如此。

簡單來說，私域或許很短，親密關係所主導的紅利卻很長。社群媒體一直少有研究親密關係的運用，對於所要引發的商業變革、產業變革、組織變革等很少觸及，現在卻隱隱約約來到我們眼前。這一切要怎麼寫，怎麼去洞察？

這是我中間暫停寫作的原因，我開始去搜集更多案例，約訪更多產業專家。見實整個團隊每天也投入在

案例深度採寫和研究方面，就這樣又過了一兩年，直到 2022 年的到來。

且不說見實團隊持續搜集整理的案例和數據，僅就本書所涉領域，搜集的案例和數據也比想像中走得遠。以足球領域為例，我不僅得到《體壇週報》宋頌的極大幫助，因此約到其總編輯駱明和長駐西班牙記者武一帆長聊求教，還在劉海博女士的幫助下和丹麥國家足球隊前新聞發言人拉斯對話，還有拜仁慕尼黑球迷會同仁會全國會長李巴喬、石家莊尤文球迷協會負責人王梓、曾在英國少年足球隊任教的付立達教練，等等。雖說其中多個案例沒能在書中呈現，我卻因此對球迷生態從完全一無所知到終於有了些許瞭解。

網路遊戲也是，搜狐暢遊《天龍八部》團隊、網易《大話西遊》團隊，我都曾上門長時間求教，得到了他們細心且詳細的解答，即使現在我翻看當時的訪談紀要都感嘆精彩不已。只惋惜一本圖書寫作有其邏輯線，不得不忍痛捨棄許多。

期間當然也曾被無數次拒絕，但更多的是類似上述這樣熱情的響應和幫助。因此我心裡一直十分感激。

感激自己所處的圈子和產業、所在的大時代、曾經的經歷、所認識的朋友們，感謝每一份點滴幫助。

　　現在對於本書，我也不是沒有缺憾。比如你看完整本書後會發現，模擬平輩（我很可信）和晚輩（我很可愛）的親密關係引發了許多商業現象，並用單獨的章節做了特別闡述，但模擬長輩（我很可親）所引發的商業現象，我卻沒能在案例中找到。

　　本書的出版意味著我超越了自身的思維限制嗎？沒有，遠遠不及。

　　只能說我們推開了對新社群關係觀察、理解和運用的大門，其未來會發展成什麼樣，遠非現在的我們所能洞察的。好在大潮仍在奔湧，我們仍在持續且深入地關注著、參與其中工作著。

　　一本書的完成當然不是一人之力，得益於無數朋友的支持。書中案例記錄下了許多名字，正是這些案例的主角及其團隊無私分享了這些案例的實際操作過程及數據，我們才能在本書中按照底層邏輯串聯起來。要謝謝這些朋友的分享。

　　我要感謝許多曾經在案例和數據方面提供了無條件

支持和幫助的朋友，感謝大家貢獻的每一個案例和精彩觀點。感謝！

我要感謝家人們的支持，很多事情他們都在默默承擔，只為留出更多的時間供我寫作。還有兩位可愛的寶寶——得米和曼迪。就在本書寫作的過程中，得米上了小學一年級，成為一名勤奮好學的小學生，曼迪從出生到現在也三歲了。因寫作而苦惱的時候，多虧得米和曼迪陪我玩耍，紓解情緒。寫作還伴隨著創業進程，見實科技創辦於 2018 年 6 月，到現在四年時間，差點三度放棄。感謝團隊曾經和現在的每一位成員一路堅持和陪伴，他們是洪露露、鄭爽、陳姍、任佳敏、劉保山、房中堂、唐露堯、常丹……感謝同事們貢獻了諸多想法和案例、第一手調查數據，以及中間不斷參與修改。

期間本書經歷了多輪試讀，許多朋友都給出了詳實的書面修改建議，尤其是空手、余鵬、楊玉會、林聖智、鐘甄、劉家俊、寧悅、魏旭龍、李岳恆、康偉、王偉男、張燦、郭宇、徐代軍、張振彪、張祚勇、岳亞雷、黃偉楠、周天祥、李學斌、王叢洲、李明盛、李楓民、陳治剛、廖文波、洪輝、周江嶺、閻磊、肖薇薇、

吳鵬、齊菁、竇偉偉、李利紅、柳溪、魔王、阿豪、谷祖林……從本書初稿開始，這些朋友就一路參與給出各種修改意見和建議，直到最後版本修改完成。

臨近出版，我仍然邀請了一大批朋友幫忙挑刺和給出更多優化建議，包括談秋平、陳歡、潘頌斌、李長歌、李維遠、王督皓……感謝大家。

可以說，朋友們既是幾個版本的試讀者，也是最後版本的把關人。

有些修改意見真是「劈頭蓋臉」，我只好悶頭再改。邀請大家提前試讀是我多年來的寫作習慣，從《社交紅利》、《即時引爆》到《小群效應》和本書，一直如此。有這些挑剔的試讀者在，本書才能在點滴優化中一步步靠近出版。真的十分感謝！某種程度上，本書也是試讀的朋友們一起「養成」的作品。

寫作時曾有感慨，圖書付梓出版應該只是開始，並不是完成品。也在想是不是會有新形式、新產品，能讓一本書從落筆開始，大家就能不斷參與和挑刺、優化和修改，這將是一件非常棒的事情。

感謝自己身處的時代，身處的環境和產業，尤其是

近年來更加劇烈的變動，讓身處其中的我們時時感受到大潮的湧動。這些大潮為現在、為未來的我們帶來了無限可能。

謝謝大家。

謝謝每一次閱讀。

謝謝每一位朋友的幫助。

產業奔騰，用戶多變，我們會在什麼樣的新趨勢中再見面？

參考文獻

前言

1. 微信公眾號「見實」,〈深度:紅包玩法正改寫流量規則〉, https://mp.weixin.qq.com/s/mXKiwiPC4CKGimytdFB9yA, 2020-08-28。

第 2 章

1. 羅振宇〈時間的朋友〉2017～2018 跨年演講全回顧, https://www.sohu.com/a/214427801_163524。

第 3 章

1. 羅賓·鄧巴（Robin Dunbar）,《150 法則》(*How Many Friends Does One Person Need?*), 商周出版, 2019。

2. 羅賓·鄧巴,《最好的親密關係》(*The Science of Love and Betrayal*), 四川人民出版社, 2019。

3. 微信公眾號「企鵝智庫」,《2019—2020 內容產業趨勢報告:66 頁 PPT 解讀七大拐點》, https://mp.weixin.qq.com/s/BmgTqQ7o3C8nFudKPv9NCg, 2019-12-03。

4. 微信公眾號「中國消費者報」,〈投訴量過萬!海豚家這麼「賣口罩」,是火還是禍?〉, https://mp.weixin.qq.com/s/ON2R8LAbVzCzKlQHStbUbQ, 2020-02-13。

5. 微信公眾號「見實」,〈騰訊新財報猛誇私域!〉, https://mp.weixin.qq.com/s/NtklGWBjbcXWIj-7RJ0eMwA, 2021-08-18。

6. 微信公眾號「見實」,〈騰訊財報首次定義私域!〉, https://mp.weixin.qq.com/s/GcRy7zQbWkn-4GZUdBEf-dA, 2020-08-13。

7. 微信公眾號「見實」,〈企業微信數據顯示私域用戶總數已達 4 億!〉, https://mp.weixin.qq.com/s/lInLs9U3kopRUiLeO84wPw, 2020-12-23。

第 4 章

1. 微信公眾號「見實」,〈從這個角度看,私域流量一定是 100 億美金以上超級大賽道!〉, https://mp.weixin.qq.com/s/ZXUyN0tDeX803f4Ux3KgbQ, 2019-11-28。

2. 微信公眾號「見實」,〈白鴉一口氣發布了有贊 50 多組數據〉, https://mp.weixin.qq.com/s/AIMFRkMBqclGdtEjg7wQtQ, 2019-05-10。

3. 微信公眾號「見實」,〈白鴉放出有贊 9 組關鍵數據,背後還有 5 大消費變化〉, https://mp.weixin.qq.com/s/Xhh24dANc1ivu8fZKQlh6A, 2021-05-30。

4. 微信公眾號「見實」,〈我們可以在微信上掙大錢!IDG 連盟說有些業務正被額外加分〉, https://mp.weixin.qq.com/s/u8GSQNInnPO0D-8NMRfmHA, 2018-08-16。

5. 百度百家號「界面新聞」,〈拼多多回應遊戲主播直播砍手機:「幾萬人參與砍價」不實,且砍價成功〉, https://baijiahao.baidu.com/s?id=1727712187006382174, 2022-3-19。

6. 騰訊網,〈李佳琦雙 11 單人銷售額超 10 億:這裡沒有心靈雞湯,不打雞血〉, https://new.qq.com/omn/20191104/20191104A0D18H00.html, 2019-11-04。

7. 百度百家號「同花順財經」,〈薇婭、李佳琦穩坐一二把交椅,雙 11 淘寶直播成交近 200 億,直播帶貨潛力無限〉, https://baijiahao.baidu.com/s?id=1650051456862517862&wfr=spider&for=pc, 2019-11-13。

8. 騰訊視頻,〈沒有人能理解我|十三邀之薇婭〉, https://v.qq.com/x/cover/mzc002007eh256q/l0936-djpqjq.html?, 2020-03-18。

第 5 章

1. 起點中文網,《〈瘋子們,狂歡結束啦!〉──五月月票奪冠總結》, https://vipreader.qidian.com/chapter/1979049/414121804, 2018-06-01。

2. 起點中文網,〈公開信〉, https://vipreader.qidian.com/chapter/1009704712/402548549, 2018-03-30。

3. 起點中文網,〈發個單章,說一說月票榜的事〉, https://vipreader.

qidian.com/chapter/1009704712/402-461096，2018-03-29。

4. 起點中文網，〈牧神記 18 年盤點〉，https://vipreader.qidian.com/chapter/1009704712/441183618，2018-12-31。

5. 起點中文網，《大王饒命》，https://vipreader.qidian.com/chapter/1010191960/402516288，2017-08-18。

6. 起點中文網，〈2018 年，大王饒命是年榜第一〉，https://vipreader.qidian.com/chapter/1010191960/44128-2746，2019-01-01。

7. 微信公眾號「見實」，〈為什麼社區團購這麼火？高榕零售投資模型一張圖說透大賽道〉，https://mp.weixin.qq.com/s/HMZEMZVcKdFmoibkdmVU7A，2019-01-18。

8. 微信公眾號「見實」，〈每單都在賺錢！一個關鍵模型，點透私域電商大賽道〉，https://mp.weixin.qq.com/s/T9aP-AdWuSzA8qGLGr47gg，2021-07-16。

第 6 章

1. 百家號「新浪科技」〈三星手機中國市場敗北〉，http://baijiahao.baidu.com/s?id=1649702366698868-951，2019-11-09。

2. 快科技，〈Mate7 已賺翻！余承東：Mate8 要賣千萬部〉，http://news.mydrivers.com/1/458/458624.htm，2015-11-26。

3. 微信公眾號「做個小遊戲」，〈一億人都在玩的創意小遊戲，一歲了〉，https://mp.weixin.qq.com/s/NMakjD_qkxyrTMq7S4GHbA，2019-11-07。

4. 百度百家號「虎嗅」，〈與《岡仁波齊》一起艱難修行：導演張楊背後的三個商人〉，https://baijiahao.baidu.com/s?id=1571491243421217&wfr=spider&for=pc，2017-06-29。

5. 百度百家號「智東西」，〈小米手機首次登頂全球第一，月銷量超過三星蘋果〉，https://baijiahao.baidu.com/s?id=1707347963038773080，2021-08-06。

6. 微信公眾號「見實」，〈獨家：創網絡電影記錄的《奇門遁甲》掙了 5638 萬〉，https://mp.weixin.qq.com/s/SgzDpQ-i6ErVtQtemrHTqA，2020-09-03。

第 7 章

1. 蘇珊‧平克（Susan Pinker），《村落效應》（*The Village Effect: How Face-to-Face Contact Can Make Us Healthier and Happier*），浙江人民出版社，2017。

2. 百度百家號「葉子豬遊戲網」，〈《旅行的青蛙》意義是什麼？請好好思考一下〉，https://baijiahao.baidu.com/s?id=1590351076503557369&wfr=spider&for=pc，2018-01-23。

3. 微信公眾號「騰雲」，〈未來的庭審什麼樣？AI 將成為原告和被告！〉https://mp.weixin.qq.com/s/_bgNN0Cgl7Fni8OUI-xjWg，2018-03-05。

4. 應用程序「蔚來」，〈蔚來車主接二連三的無償為蔚來打廣告，為什麼？〉，https://app.nio.com/app/web/v2/content/1278137620?load_js_bridge=true&show_navigator=false&content_type=article&ADTAG=wechatfriend&share_uid=ER0xJWd1mgJGxBhrVEbYsA，2019-10-02。

5. 微信公眾號「Morketing」，〈蔚來：有車主已經賣了 160 多臺車〉https://mp.weixin.qq.com/s/mKR0_gChK1q2cgBmvcV28A，2021-10-02。

第 8 章

1. 微信公眾號「北戴河桃罐頭廠電影修士會」，〈肖戰粉絲偷襲 AO3 始末〉，https://mp.weixin.qq.com/s/XnOn5zAvqkZfxyguTuOktw，2020-03-01。

2. 新浪網，〈NBA 男孩和飯圈女孩，今後誰也別說誰〉，https://tech.sina.com.cn/csj/2019-10-14/doc-iicezuev2067021.shtml，2019-10-14。

3. QQ 新聞，〈「蔚忠賢」為何這麼難〉，https://xw.qq.com/cmsid/20210820A04EH100。

4. 深圳晚報，〈深晚報導 | 愛奇藝取消選秀節目，會終結養成系偶像賽道嗎〉，http://app.myzaker.com/news/article.php?pk=612871941bc8e04d68000097&f=normal，2021-08-27。

5. 新浪網，〈蔚來 9 月交付 10628 臺！高管馬麟：展車全部賣光〉，https://finance.sina.com.cn/stock/usstock/c/2021-10-05/doc-iktzscyx8012916.shtml，2021-10-05。

第 9 章

1. 馬麗，《社交天性：人類社交的驅動力》，黑龍江美術出版社，2019。

2. 奇普・希思（Chip Heath）、丹・希思（Dan Heath），《關鍵時刻》（*The Power of Moments：Why Certain Experiences Have Extraordinary Impact*，時報出版，2019。

3. 西恩・艾利斯（Sean Ellis），《成長駭客攻略》（*Hacking Growth: How Today's Fastest-Growing Companies Drive Breakout Success*），天下文化，2018。

4. 豆瓣閱讀，黃不問，《誰騙走了你父母的養老錢》，https://read.douban.com/column/507025/?chapter_order=new。

5. 搜狐網，〈今年 315 晚會曝光了哪些驚天黑幕？〉，http://www.sohu.com/a/128993460_453791，2017-03-15。

6. 騰訊視頻，《2017 年 315 晚會完整版》，https://v.qq.com/x/page/r0384g1yzui.html。

第 10 章

1. NHK 特別節目，《無緣社會》，上海譯文出版社，2018。

2. 宋麗娜，《熟人社會是如何可能的：鄉土社會的人情與人情秩序》，社會科學文獻出版社，2014。

3. 微信公眾號「見實」，〈騰訊點出私域這一年：商業形態正在不可逆演化和重組！〉，https://mp.weixin.qq.com/s/672ZFObRs6lCDG0i5AOIlQ，2021-09-30。

4. 微信公眾號「見實」，〈拿 2 輪融資的楊炯緯：私域有「難以想像」新機會〉，https://mp.weixin.qq.com/s/-u7bz3wEM_t-BjKKWiM97Q，2021-10-11。

推薦語

■ 業界高層

陳彤／一點資訊總裁、新浪網前總編輯

書中提到的許多重大時間點，我都曾親身參與和推動，但歷史並沒有消散，我很認同書中提到的底層思維，每次和朋友們討論時也總會想起：愈深刻理解過去，就愈能看明白現在正在發生的，愈能把握住未來將要出現的。創業一直以來都是在無數變化中迎難而上，現在又到了變化的新階段。細讀這本書，我們再聊時感觸會不一樣。推薦。

劉江峰／前華為榮耀總裁

創業這些年，對流量、用戶的體會頗深，這本書中的很多觀點，我都很認同。我們常講以客戶為中心、以流量為基礎，目的是打造一個品牌或產品。這是每家

公司的發展目標。公司管理者此時最需要的是對人性的洞察和解析，延伸到對消費者和目標客戶的洞察。商業深處是人性，所有商業關係最後都是人與人的關係。這是我多年商業實踐的一個終極領悟。志斌從他多年在私域流量、社群媒體（包括用戶論壇）等領域的實踐出發，有不少真知灼見，推薦這本書給每一個在商業領域打拚的人，相信它多少能在某些方面給予你啟發。

沈鋒／P&G 中國資訊長

在數位化進入深水區的當下，私域變成了每家企業必須打造的能力，但是對於接觸大眾的消費品，如何做好私域是一個值得深思的問題。這本關於私域浪潮和未來商業大變革的書給了我很多啟發，關鍵還是在於跟消費者建立親密關係，以短期變現為目的只能吸引追逐利益的陌生人，還是要有耐心，在點滴接觸中探尋如何遞進和增強跟消費者的關係，讓用戶與品牌從陌生走向親密，從而能夠抓住由私域開啟的新商業變革紅利。

李菁／夢潔集團執行董事長

閱讀這本書，就像穿過浮躁的商業表像看本質：縱觀卓越品牌的成長過程，從不以追求短期流量為目標，而是始終圍繞（準）用戶建立某種親密關係，當（準）用戶們成為「品牌共創共享者」時，商業價值不求自來！

楊飛／瑞幸咖啡共同創辦人及成長長（Chief Growth Officer，CGO）、暢銷書《流量池》的作者

我在布局瑞幸私域的早期，經常跟志斌還有他的見實團隊長聊。不僅共同看到了私域極大的增長價值，也是對我個人流量池理論研究的完善補充。今天回頭來看，瑞幸的私域和用戶數據平臺已成為快速增長和降低成本本、增加效益的重要依托。布局私域不是無效冒進，反倒是所有企業都應高度重視的戰略重點，並且它會開啟未來持續很長時間的數位進化。推薦深讀這本書！

周樹穎／泡泡瑪特顧客長（Chief Customer Officer，CCO）

任何關係都需要用心經營，品牌與消費者的關係也不例外。在數位化浪潮席捲下，包括潮流玩具在內的許多產業都享受到了這輪由親密關係開啟的社群新紅利。作者對私域和社群領域的研究獨到且深入，見證並親身推動了新一輪私域發展浪潮。這本書深入淺出，透過詳實的案例打開了我們對親密關係的想像，我相信能夠為企業家、品牌從業者提供積極的參考與啟發。

孫來春／林清軒創辦人

從疫情暴發後林清軒全面開啟網路化轉型，期間被媒體討論了很多。如果拆開各個營運細節到底層，就是志斌新書中所提倡的這個觀點：將用戶當作摯友對待、努力讓用戶將林清軒認作摯友。我們深知只有做到這一點，產品才有未來。從趨勢看，我們才剛剛開始，後續的演變會更具想像的空間。

陳丹青／新奧集團品牌總監

行銷本來就是一項直指人心的工作。欲先取之，必先予之，為用戶創造價值永遠是商業的本質。如今，不僅是你所使用的品牌定義著你，社群媒體也讓我們看到萬千粉絲聚集在一起催生、重構了無數的品牌，這是前所未有的巨大力量。如何在虛擬與現實鏡像交錯的半熟社會，透過產品或服務與用戶建立親密、互動、可持續的關係，是志斌這本新書探討的話題。

畢勝／必要工業執行長

在私域出現前，所有商業關係均可以被稱為「弱連結」，用戶會很快遺忘、失聯。私域把商業關係變成了具備高頻率互動的親密關係，這必然要架構在高品質產品的基礎上，也是這本書所描述的最好的私域關係。這是一本非常值得營運中詳細參照和深度閱讀的書。

趙知融／浙江拓撲紡織董事長

品牌與消費者的關係在目前經濟發展放緩、增量減少的形勢下愈發重要，存量之爭的關鍵在於如何高效搶人（消費者）。電商領域流量為王的時代正過渡到顧客為王的時代。作者從多年實踐中梳理出一套非常實用的方法論，為像我這樣在製造業奮鬥了 30 年的老兵指明了如何利用產品與供應鏈優勢，透過品牌和大爆款產品戰略建立與消費者的「四高」關係，非常值得借鑑。

徐揚／微播易創辦人、執行長

社群網路所推動的產業發展這件大事，往回看十餘年，用戶與用戶之間、用戶和關鍵意見領袖之間的不同種類親密關係，產生了至關重要的作用。再看未來十多年，用戶和品牌之間的關係，乃至親密關係，同樣至關重要。這個判斷，被志斌深度且系統性地在這本書中梳理出來，特別值得深讀，也會是長期案頭必備。

陳華／唱吧執行長

　　我和志斌圍繞「和用戶之間形成親密關係」這件事長聊了幾次，深以為然。今天許多創業機會在這個基礎上誕生。要跟進的不僅僅是獲客策略和方式，不僅僅是要不要進入私域，更是如何從產品和營運、組織結構優化等層面做深度的調整。這會是決定很多企業成敗的關鍵。這本書推薦閱讀！

張博／貓眼娛樂副總經理

　　志斌近年來一直專注研究和深耕「關係與生產力」，我有幸能經常與他交流、共同成長。作為電影行業從業者，在宣傳上大多經歷了從搶占影院空間到搶占用戶心理的過程，這其中，研究和經營用戶關係是宣傳團隊的重點研究方向。這本書透過不同產業的實戰經驗，結合志斌團隊多年總結的方法，非常值得被更多地閱讀、思考和傳播，期待這本書與我們每個人都能形成「最好的關係」。

林少／十點讀書 App 創辦人

我們在新書中看到了最敏銳的營運直覺和市場前瞻。可以說，志斌的新書提及的種種現象和要點，與十點讀書此刻正在推進的營運策略調整幾乎是一致的。這不僅僅是私域，更是一個關於未來的新趨勢。本書值得深讀、細讀。

袁澤陸／夸父炸串創辦人

實體產業經營亙古不變的道理就是「人氣」，在數位化時代背景下，凝聚人氣的工具層出不窮，但歸根結柢還是「親密關係」決定「超強信任」，消費品牌想要解決流量太貴的問題，核心就在於經營和用戶的「親密關係」，流量貴就是品牌沒有經營好親密關係而付出的代價。這本書從消費者心理和行為多重角度闡釋數位化時代用戶經營的新增長飛輪邏輯，值得每個消費品牌創辦人一讀。

■ 私域專業人士

白鴉／有贊科技創辦人

當經濟增長逐步放緩，未來商業將進入存量時代。在過去的增量時代，關注行銷效率就可以獲得成功，而在未來的存量時代則不行，成功的關鍵會變為如何做好更加深度且親密的客戶關係，像是如何建立良好的客戶關係、如何請老客戶使用他的關係幫助帶來新客戶。這本書詳細解讀了親密關係在未來商業變革中的巨大作用，是未來商業成功的關鍵密碼。

吳明輝／明略科技創辦人

志斌對用戶、平臺、商業價值和社會經濟的洞察十分敏銳，基於人際信任關係的分析對理解趨勢變化大有裨益。以連接、信任為核心的私域商業已呈現繁榮景象，無論是活躍度、銷售額，還是生態參與方的共識達成，都表明這是大勢所趨。同時，品牌私域與消費者之間的信任不是一朝一夕形成的，相信工具、平臺與數據技術能夠幫助品牌與消費者持續互動，建立信任關係，從而實現高效增長。

孫濤勇／微盟集團董事會主席兼執行長

商業模式的每一次演進、迭代，都會推動品牌和用戶之間連結方式和連結效率的重組。構建深度的、長期的、可信任的、忠誠的用戶關係，將成為去中心化新商業時代裡，品牌應對不確定性、迎接商業變革的重要能力之一。如何在私域浪潮下與用戶構建關係飛輪，推薦正在探尋用戶價值增長的從業者仔細研讀。

楊明／微盛·企微管家創辦人

志斌的這本新書深度詮釋了私域浪潮，將企業如何建立與用戶的親密關係做了系統性拆解分析，可謂入木三分。從實踐經驗抽像出理論框架，不僅與微盛六年來的實踐相契合，還為產業提供了產品與服務的方法，這是對產業的貢獻。推薦從業者細讀。

鬼谷／鯨靈集團創辦人、執行長

有幸提前試讀了志斌的這本新書，深感共鳴，鯨靈的理念也與其不謀而合。作為 16 年的電商老兵，從參與開創淘寶到進入私域創業，流量在這個過程中發生了巨大的變化。很明顯地，過去的營運模式不再適

用，加強信任和親密關係成為增長的關鍵，新的產業分水嶺已經到來。

何健星／艾客創辦人

艾客用「工具＋方法論」的方式深耕私域智慧行銷已經七年，打磨出一套行之有效的私域理論體系，沒想到在志斌的這本新書中被詳盡地描繪了出來，可見做事的人感受到的風向是一致的。產業走到了理論的前面，私域一定是一個大浪潮的開始。特別是隨著行銷成本逐年攀升，私域及後續演進的新玩法也一定會成為所有商家營運的勝負關鍵。

ROY／233 執行長

從草率收割流量到用戶精細化營運，是許多企業正在思考和探索的新路徑，這本書從一個看似平凡又正好擊中當下企業痛點的角度，為讀者講述了一個又一個真實的數據與案例，非常詳盡地闡述了背後的洞察與思考。如果你也在探索如何從傳統的客戶關係管理轉向用戶關係營運與新用戶價值評估，我非常推薦你認真閱讀這本書。

顧澤良／一知智能聯合創辦人

私域的本質是在對的時候和對的人說對的話，只是當量級達到十萬甚至百萬時，需要數位化＋人工智慧驅動去完成背後的千人千面，這樣用戶才能基於優質的親密關係長期「投票」給商家。

彭一／超級導購執行長

圍繞這本書的核心內容，我曾和作者有過一次徹夜深聊，並解開了我心中很大一個結，這個結就是導購這個群體在私域、數位化戰略認知上的真正價值。對底層的理解和把握是見實和徐志斌本人的本能優勢。這種優勢又淋漓盡致地呈現在了這本書中。強烈推薦一讀。

徐亞波／數說故事創辦人、執行長

第一次接觸志斌就覺得他很懂私域和更廣泛的數位化行銷這個大領域。讀了這本書才知道其背後有這麼多的經驗和理論體系在支撐。這些年，對流量的崇拜大行其道，以至於很多人把私域理解為自己可控的、可

多次使用的流量，殊不知品牌和用戶的關係才是背後的本質。喜歡這本書的結論，即私域或許很短，親密關係所主導的紅利卻很長。忘記流量，做好產品，經營好用戶關係，一切將會隨之而來。

王磊／百應科技創辦人、執行長

今天用戶不再只是品牌的消費者，而是產品的設計者、服務流程的定義者等等，並且用戶能力的增長速度遠快於企業。要想獲取這些用戶能力，就必須把用戶視為企業的一部分、把與用戶建立親密關係視為企業管理的核心。這將是未來新的增長飛輪。而支撐新飛輪，需要以溝通和情感為中心、以自然語言處理為核心的認知智慧技術能力、新資訊化基礎建設。閱讀這本書，我最大感受是，在不確定性的環境中，徐志斌為我們清晰地展現了通往確定性機會的大門。這本書值得反復閱讀。

■ 知名投資人

朱嘯虎／金沙江創投主管合夥人

2020 年新冠肺炎疫情暴發後，包括私域在內的企業服務市場處於加速成長賽道。深究去看，左右產業成長的不僅僅是企業需求，用戶和企業的關係也發生了質變。重做的並不是客戶關係管理這個「輪子」，重做的正是這本書中提及的「用戶和企業要形成親密關係」這件事情。未來幾年，親密關係還會變得更重要。

吳世春／梅花創投創始合夥人

這本書將「關係」做了系統性闡述，也針對當下如何維繫最好的關係提出了方法。志斌對商業經營中「最好的關係」的理解是非常深入的。可以說，一段關係能否長久、能否更親密、能否創造更多價值，在於維護這段關係的人的格局與心態。就像我提出的創業者四個品質：格局、心態、認知力和心力。希望所有讀者能因這本書得到啟發，深度理解「最好的關係」。這本書值得多次細讀。

劉德樂／資深投資人、優酷土豆集團前總裁

這本書對我們做影響力投資具有極大的參考價值。任何投資和經營活動都是關係本位的，關係決定企業是誰、企業如何定義自身。這本書對社群紅利、親密關係如何左右未來商業變革等問題做的研究非常深刻，具有重要的指導意義。

■ 意見領袖

吳聲／場景方法論提出者、場景實驗室創辦人

後疫情時代，社群紅利愈來愈以商業的親密關係呈現：你對用戶好，用戶會對你更好。人無法作為流量被組織，需要以場景持續激活關係，新品牌邏輯與新商業模式因此受益。志斌的新作讓我們看到，數位化讓品牌和用戶關係親密的背後，也讓親密場景推動的數位商業更具人的溫度。

鄭毓煌／北京清華大學經濟管理學院市場行銷系博士生導師、世界行銷名人堂中國區首位評委

在「流量」和「私域」成為熱門關鍵字的今天，究竟

該如何透過私域流量獲得行銷和商業上成功？如何建立客戶關係並打造客戶忠誠？對廣大企業家和企業高管來說，徐志斌這本新書值得一讀！

郝婧／波士頓諮詢董事總經理、全球合夥人

徐志斌是我碰到研究私域一直都抓住本質不放的人，這本書更是幫讀者將這層窗戶紙徹底捅破，邊讀可以邊思考你對用戶來講意味著什麼角色，什麼樣的互動和定位才能讓你和用戶一起走得更長遠，最後一定是互相成就、融為一體。這本書用生動的語言提出幾種典型的關係定位策略，在每種定位下又用鮮活的案例闡述了企業可採取的策略。相信這本書會給讀者帶來新的思考。

陳徐彬／虎嘯獎創辦人

公域流量紅利幾近消弭，私域營運成為眾多品牌管理者的頭等大事。潛在用戶不斷由公域引流轉化為私域用戶，最後成為現實消費者，這只是數位化行銷的一個階段。隨後，透過「與您有關」的內容借助行之有

效的營運工具實現品牌數位資產的積累，這是建立關係並逐步加深的過程。從關係出發到未來，品牌建設就是要用「最好的關係」朝最好的未來努力，這是一個不斷蛻變上升的進程，沒有終點。

申晨／熊貓傳媒創辦人

志斌對社群中的知識體系和思考深度，以及對前沿趨勢的觀察和總結，都在產業內處於領先地位。這十多年來，志斌圍繞一個主題連續出了四本書，每本都能推陳出新。更重要的是，新書每每都能與我們正在做、將要做的事情相吻合，是非常好的參照和標竿。推薦細讀！

李國威／聞遠達誠管理諮詢總裁、資深媒體和公關人

這本書不僅將私域這種時髦而模糊的行銷術語變成了邏輯清晰的方法論，也為我常年研究思考的公關和整合行銷在社群時代如何推動增長提供了寶貴的參考。這本書延續了徐志斌案例豐富、數據縝密、行文流暢的寫作風格，是當代行銷從業者的必讀書。

方立軍／金鼠標數位行銷大賽聯合創辦人、執行主席

私域是數位化時代的金礦，但改變商業的不是私域，而是用戶和企業之間形成的親密關係。我們需要用新的世界觀和價值觀、新的管理運行方式來理解和轉化今天遇到的問題。企業經營者和品牌管理者是時候學點隨身的功夫了！這本書裡滿是親力親為的調查，從書中的案例開始，你可以剝洋蔥式地思考企業和用戶如何形成親密關係。

班麗嬋／CMO 訓練營創辦人、執行長

我迫不及待地看完書稿，裡面各大案例梳理得相當精彩和及時。很大的共鳴是：行銷長對關係的洞察、用戶體系的搭建和經營已成為當下最核心的能力。

透過親密關係體系的設置，能逐步搭建起「各美其美、美美與共」*的生態體系，並成為企業的新護城河。這裡將會有無限想像的空間。

---

* 中國社會學家費孝通先生提出的不同文明之間的理想共處原則。

周一／水滴風馬產品創新公社創辦人

和用戶構建親密關係是每一位產品人未來必須思考的命題，是一趟探尋產品「真相」的旅程，也是每個產品創造者一生的修行。

■ 試讀老鐵

空手／《傳神文案》作者

追蹤徐志斌老師十年，從《社交紅利》到《即時引爆》、《小群效應》，再到這本書。中國互聯網高速發展，帶來了一波又一波前所未有的機會，但這也意味著創業者的思維、方法必須不斷更新迭代，否則會被時代拋棄。徐老師作為一名十年來一直在風口浪尖上的老舵手，跟上他的腳步準沒錯。讀他的著作，既能看到前瞻未來的開闊視野，又能學到適合當下的操作方法，還能穿透中國互聯網歷史發展的邏輯脈絡。

王導／營運學社＆瓶頸學社社長

作為一直參與試讀和共建的讀者，我想強烈推薦一下這本書：如果你相信任何系統中必然存在一組少數要

素（瓶頸），並決定了整個系統產出，那麼這本書就是在講述那個決定企業增長的祕密——客戶關係。更重要的是，作者詳細拆解了品牌與客戶構建親密關係的系統方法。非常值得深讀！

王磊／金劍客創辦人

和其他服務相比，銀行和用戶的關係自然更緊密、更持續。從 2021 年開始，各大銀行在描述行動銀行時不再強調功能特點，而是描述自己和用戶是什麼關係、是用戶生活中的什麼角色。在這本書的指引下，銀行經營者更能深刻地理解關係、用好關係。

曹成明／人人都是產品經理社群、起點課堂執行長

徐志斌是真正的創作者，每次都希望創造新的東西出來，為此不惜用數年時間探索、調查、回顧和歸因，從而提出新理念，告知大家時下的新變化，以及變化的底層邏輯。看完這本書，我對私域有了更深層的認知，原來只有跟用戶建立「親密關係」，才能真正實現營運結果，才可能持續成交、回購、實現口碑傳播。推薦做產品和營運的朋友們閱讀這本書。

實用知識 83

關係飛輪

把消費者變成自己人！建構用戶關係紐帶，讓自流量帶著品牌一起飛

作　者：徐志斌
責任編輯：簡又婷
校　對：簡又婷、林佳慧
封面設計：張巖
美術設計：廖健豪
行銷顧問：劉邦寧

發行人：洪祺祥
副總經理：洪偉傑
副總編輯：林佳慧
法律顧問：建大法律事務所
財務顧問：高威會計師事務所
出　版：日月文化出版股份有限公司
製　作：寶鼎出版
地　址：台北市信義路三段 151 號 8 樓
電　話：（02）2708-5509 傳真：（02）2708-6157
客服信箱：service@heliopolis.com.tw
網　址：www.heliopolis.com.tw
郵撥帳號：19716071 日月文化出版股份有限公司

總經銷：聯合發行股份有限公司
電　話：（02）2917-8022 傳真：（02）2915-7212
印　刷：軒承彩色印刷製版股份有限公司
初　版：2022 年 12 月
定　價：450 元
ISBN：978-626-7164-93-8
文化部版臺陸字第 111128 號

國家圖書館出版品預行編目資料

關係飛輪：把消費者變成自己人！建構用戶關係紐帶，讓自流
量帶著品牌一起飛／徐志斌著 . -- 初版 . -- 臺北市：日月文化出
版股份有限公司 , 2022.12
368 面；14.7×21 公分 . --（實用知識；83）
ISBN 978-626-7164-93-8（平裝）

1.CST: 品牌行銷 2.CST: 企業經營 3.CST: 顧客關係管理

496.14　　　　　　　　　　　　　　　111017180

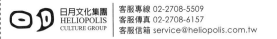
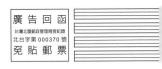

日月文化集團
HELIOPOLIS
CULTURE GROUP

關係飛輪
把消費者變成自己人！建構用戶關係紐帶，讓自流量帶著品牌一起飛

感謝您購買

為提供完整服務與快速資訊，請詳細填寫以下資料，傳真至02-2708-6157或免貼郵票寄回，我們將不定期提供您最新資訊及最新優惠。

1. 姓名：＿＿＿＿＿＿＿＿＿＿＿　　性別：□男　　　□女

2. 生日：＿＿＿＿年＿＿＿＿月＿＿＿＿日　　職業：

3. 電話：（請務必填寫一種聯絡方式）

　（日）＿＿＿＿＿＿＿＿＿（夜）＿＿＿＿＿＿＿＿＿（手機）＿＿＿＿＿＿＿＿＿

4. 地址：□□□

5. 電子信箱：＿＿＿＿＿＿＿＿＿＿＿＿＿＿＿＿＿＿＿＿＿＿＿＿＿＿＿

6. 您從何處購買此書？□＿＿＿＿＿＿＿縣/市＿＿＿＿＿＿＿書店/量販超商

　□＿＿＿＿＿＿＿網路書店　　□書展　　□郵購　　□其他

7. 您何時購買此書？　　年　　月　　日

8. 您購買此書的原因：（可複選）

　□對書的主題有興趣　□作者　□出版社　□工作所需　　□生活所需

　□資訊豐富　　□價格合理（若不合理，您覺得合理價格應為＿＿＿＿＿＿）

　□封面/版面編排　□其他＿＿＿＿＿＿＿＿＿＿＿＿＿＿＿＿

9. 您從何處得知這本書的消息：□書店　□網路／電子報　□量販超商　□報紙

　□雜誌　□廣播　□電視　□他人推薦　□其他

10. 您對本書的評價：（1.非常滿意 2.滿意 3.普通 4.不滿意 5.非常不滿意）

　書名＿＿＿＿　內容＿＿＿＿　封面設計＿＿＿＿　版面編排＿＿＿＿　文/譯筆＿＿＿＿

11. 您通常以何種方式購書？□書店　　□網路　□傳真訂購　□郵政劃撥　　□其他

12. 您最喜歡在何處買書？

　□＿＿＿＿＿＿＿縣/市＿＿＿＿＿＿＿書店/量販超商　　□網路書店

13. 您希望我們未來出版何種主題的書？＿＿＿＿＿＿＿＿＿＿＿＿＿＿＿＿

14. 您認為本書還須改進的地方？提供我們的建議？

＿＿＿＿＿＿＿＿＿＿＿＿＿＿＿＿＿＿＿＿＿＿＿＿＿＿＿＿＿＿＿

＿＿＿＿＿＿＿＿＿＿＿＿＿＿＿＿＿＿＿＿＿＿＿＿＿＿＿＿＿＿＿

＿＿＿＿＿＿＿＿＿＿＿＿＿＿＿＿＿＿＿＿＿＿＿＿＿＿＿＿＿＿＿

＿＿＿＿＿＿＿＿＿＿＿＿＿＿＿＿＿＿＿＿＿＿＿＿＿＿＿＿＿＿＿

預約實用知識，延伸出版價值

預約**實用知識**，延伸**出版價值**